For Aspiring A Veterinarian

獣医師を目指す君たちへ

ワンヘルスを実現するキャリアパス

中山裕之

Hiroyuki NAKAYAMA

東京大学出版会

For Aspiring A Veterinarian :

A Career Path to Achieving the "One Health" Concept

Hiroyuki NAKAYAMA

University of Tokyo Press, 2022

ISBN978-4-13-072067-0

はじめに

　「13歳のハローワーク」公式サイト（https://www.13hw.com/jobapps/ranking.html）によると2021年11月時点の中学生・高校生人気職業ランキングは、第1位外交官、第2位ユーチューバー、第3位プロスポーツ選手、第4位医師、第5位イラストレーター、そして第6位に本書で紹介する獣医師が入っています。昔と変わらず人気が高い職業がある一方で、ユーチューバー、イラストレーター、ゲームクリエイター、声優など社会現象を反映する職業も上位に食い込んでいます。また、動物に関連する職業の人気も近年増しており、水族館の飼育係が第19位、動物園の飼育係第28位、トリマー第35位、犬の訓練士第54位と続いています。こうした動物を扱う職業は、子どもたちに人気がある一方、実際に就職するのはなかなかむずかしいようです。とくに難関なのがもっとも人気が高い獣医師で、獣医大学への入学と獣医師国家試験という2つの高い関門が立ちはだかっています。日本で獣医師になるには、すなわち国家資格である獣医師として農林水産省に登録されるためには、基本的に日本国内の獣医師養成課程（獣医学部、獣医学科、獣医学専修など）がある大学に入学・卒業し、獣医師国家試験に合格しなければなりません。海外の獣医大学を卒業した場合は、教育カリキュラムや時間数が十分である場合に限って、日本の獣医師国家試験受験資格が得られる場合があります。実際には、欧米の獣医大学の卒業者は受験可能、その他の地域は履修時間の不足などの理由で不可能となる場合が多いようです。

　前著『獣医学を学ぶ君たちへ——人と動物の健康を守る』（東京大学出版会）では獣医師という職業について概説しました。獣医師という職業は、犬や猫のお医者さんだけではなく、じつに広い職域からなっているということをご理解いただけたのではないかと思っています。また、獣医師が目指すべき方向として One Health という概念も紹介しました。人の健康、動物の健康、環境の健康はたがいに深く関わっており、ひとつの健康（One Health）として地球規

模で達成し守っていくべきものであるという考え方です。まさしく獣医師の職域は、いずれもこの One Health の実現を目的としています。そして、獣医師を目指す皆さんには、そういった職業を経験した獣医師から直接キャリアパスについての話を聞くことで、さらに的確なイメージを持っていただけるのではないかと考えていました。そんな矢先、前著でもお世話になった東京大学出版会編集部の光明義文さんから、獣医師のキャリアパスについての本を計画していることをうかがい、執筆者の推薦を依頼されました。たいへん僭越ではありましたが、それならば私自身がさまざまな職業の獣医師に直接インタビューして執筆することを提案させていただきました。幸い、光明さんは私の拙案をご支持くださり、また東京大学出版会には執筆をお認めいただきました。最初の取材インタビューは 2 年前の暑い夏の日でした。新型コロナウイルス感染予防のためマスクをして、汗を拭き拭きお話をうかがったのを覚えています。その後、感染が拡大し、対面でのインタビューが困難になったため、メールで質問に答えていただく方式に変えました。あるいは、登場者が自伝風に概要を執筆し、私が追加・修正を加えて完成した章もあります。草稿ができた時点で登場者にご確認、ご修正いただき、正確を期すよう努めました。それでも不正確な事実や記載がある場合はひとえに私自身の不徳の致すところです。

　本書では、ご登場いただいた方のキャリアパスだけではなく、職種や所属した組織の紹介も心がけました。ただし、例外はありますが、所属企業などについては具体的な名称は記さず、主にイニシャルで表記しています。また、多様な獣医師の仕事を紹介できればいいなと考えていましたが、私が人見知りで交流範囲が広くない（たぶん）ことから、登場人物としてお声をかけた方は私の知り合いばかりになってしまいました。さらに、職種ごとのキャリアパスの全貌を紹介したいという思いから、結果として私と同じ世代の方が多くなりました。登場者の皆さんが在籍してきた組織は当時と比べて変化した部分も多いと思いますが、できるだけ現在の状況も調べ記載するよう心がけました。本書では、登場者に関連するいろいろな制度も紹介しています。獣医師という職業を理解する助けになればよいのですが、複雑であることが多く、書きぶりも硬くならざるをえませんでした。そんな部分は読み飛ばしていただいてけっこうです。まずは、登場者の経歴やエピソードに興味を持ち、自分の将来を考えるきっかけにしていただければ、著者としてうれしいかぎりです。

　加えて、若い方に海外で活躍してほしいことから、登場者の海外での経験や
エピソードも多く織り込むようにしました。獣医学の分野では、実際にさまざ
まな国際活動が行われています。獣医師のキャリアパスに関連した国際的な業
務はいうまでもなく、海外での生活などについても、登場者にご経験をうかが
いました。きっかけは海外生活への憧れでかまわないと思います。海外での生
活は最初はつらいこともありますが、慣れてくればそんなエピソードもそのう
ち笑い話になります。若いうちは、なにはともあれ、踏み出してみることが大
事だと思います。本書を読んだ学生さんや若い獣医師が海外へ飛び立つことを
考えていただければ著者冥利につきます。

　アメリカの U.S. New & World Report 誌のウェブサイトに掲載された 2021 年
の Best Job ランキング（https://money.usnews.com/careers/best-jobs/rankings/
the-100-best-jobs）でも、獣医師は第 10 位に入っています。このランキングは
年収、失業率、将来性などを根拠に作成されていますが、医療やデータサイエ
ンス関係の職業が上位を占めるなかで獣医師はとても健闘していると思います。
洋の東西を問わず人気が高い獣医師という職業について、本書ではさまざまな
職域の方にご登場いただき、そのキャリアパスを紹介したいと思います。

目次

1 牛を診る・牛を教える
── 猪熊壽 （いのくま・ひさし）

　コンクリートブロックを積み上げた円筒が赤い円錐形の帽子を冠り、緑の牧場にすっくと立っている。茨城県中央部・笠間市にある東京大学附属牧場の入口から眺めるいつもの風景に目をやり、猪熊壽はハンドルを右に切った。昨年の春は北海道・帯広の大地を同じ車で駆けていた。帯広の牧場と比べると茨城の附属牧場はずっと小さい。飼育されている牛の数も 30 頭に満たず、北海道の牧場の規模にははるかにおよばない。しかし、ここは学生時代に実習で幾度も滞在した思い出の場所だ。猪熊は 2019 年 7 月に帯広畜産大学の教授を辞し、翌月に新設された母校の産業動物臨床学研究室の教授に着任した。産業動物とは牛、豚、山羊、羊、鶏など肉、乳、卵、毛、羽毛などを利用する動物の総称である。環境省が管理する「産業動物の飼養及び保管に関する基準」では、産業動物を「産業等の利用に供するため、飼養し、又は保管している哺乳類及び鳥類に属する動物をいう」と定めている。馬も産業動物に含まれているが、とくに欧米ではペットとして飼育している場合も多く、むしろ犬や猫のような伴侶動物と考えている飼育者、獣医師も多い。猪熊の所属は都内にある大学の附属動物医療センター（動物病院）であるが、産業動物の健康と病気を研究し学生に教えることが業務なので、前述の附属牧場をフィールドにしている。自宅も附属牧場の近くに借りた。今は茨城と東京を行ったり来たりの生活で、新天地での仕事に懸命に取り組んでいる。

　猪熊は三十余年前に大学を卒業し、獣医師国家試験に合格、農林水産省に入省し国家公務員として都合 8 年間畜産行政に携わった。この間、霞が関の本省と北海道で勤務し、動物疾病の防御、牛や羊などの診療に関わった。学生時代から畜産の現場で働くことを希望していた猪熊は、入省 1 年後に農林水産省所管の十勝種畜牧場（現・家畜改良センター十勝牧場）に配属され、乳牛、肉牛、羊、農用馬の診療と防疫業務に従事した。現在、家畜改良センター所属の牧場は、日本各地に 10 牧場、1 支場があり、家畜の改良と飼料管理の改善について

調査・研究、講習・指導を行っている。「防疫」とは、一般的に、ある地域・施設への感染症の侵入を予防する措置のことである。感染した動物の早期摘発、隔離、媒介動物の駆除、予防接種などが含まれる。牛、豚、山羊、羊、鶏などいわゆる産業動物の獣医療ではきわめて重要な業務で、国家レベルで取り組まなければならない。感染力が強い病気が侵入するとあっという間に蔓延し、畜産業に大きな損害が出る。動物感染症の海外からの侵入と国内での蔓延の防止は国家規模で対応すべき重要な問題である。2000年と2010年に発生した口蹄疫、ほぼ毎年発生が見られる高病原性鳥インフルエンザの例をあげるまでもない。

　3年弱の北海道勤務の後、本省に戻り、さらに1年後にはオーストラリアのブリスベンで1年半の間、熱帯家畜衛生についての研修に参加した。この期間、熱帯の国々で家畜の病気としていまだ猛威を奮っているダニ媒介性原虫感染症の一種であるバベシア症について研究を行った。バベシア症とは、大きさ1〜3μmの原虫が赤血球に感染し、発熱や貧血を起こす牛や犬の病気で、マダニが媒介する。猪熊がこのときに始めたバベシア症に関する研究は、帰国後に取得した博士学位論文執筆のきっかけになった。

　オーストラリアから帰国し、再び農林水産省で家畜の飼料や肉牛の肉質改良の業務に携わったが、オーストラリアで火がついた研究マインドが瞬く間に燃え広がり、大学での研究に憧れるようになった。奇しくも山口大学獣医学科獣医内科学研究室の助手（現在の助教に相当）ポストが空いており、話はとんとん拍子に進み、大学卒業後8年目にして教員として再び大学に身を置くことになった。山口大学では、主に犬と猫の臨床に携わり、附属動物病院での診療と感染症の研究、そして学生の教育も担当した。感染症の研究は、バベシア症に加えて、犬のヘパトゾーン症、猫のヘモバルトネラ症も対象とした。犬ヘパトゾーン症は Hepatozoon canis という原虫が白血球やさまざまな臓器に寄生し、発熱、体重減少などの症状を引き起こす。犬はヘパトゾーン原虫を有するマダニを摂取することで原虫に感染する。一方、猫のヘモバルトネラ症は、猫伝染性貧血とも呼ばれ、細菌に近いマイコプラズマという微生物の感染によって生じる。ダニ類やノミ類がマイコプラズマの猫への感染を媒介するといわれている。貧血や黄疸などが主な症状である。いずれの感染症も日本国内で発生が見られるので、犬や猫とダニやノミとの接触には気をつけたほうがよい。

　猪熊は、山口大学に赴任後2年半で助教授（現在の准教授に相当）に、さら

に6年半後には教授に昇進したが、犬や猫ばかりを対象とした診療や研究になんとなく行き詰まりを感じ始めていた。同時に、大学2年生の夏休みに北海道中標津の酪農家で1カ月間アルバイトをしたことを思い出した。毎日朝から夜遅くまで乳牛の世話をして過ごした。きつい仕事ではあったが、なぜか自分の生き方に合っているように感じられた。酪農家のような動物相手の生活は、なにからなにまですべて自分自身でやらないと成り立たないが、猪熊は妙に感銘を受けてしまった。大学の休暇のたびに北海道へと赴き、牛と生活するようになった。将来は酪農家になろうか、あるいは牛の獣医になろうか、と考えるようになった。そして獣医学科がある大学へ進学した。

　猪熊は香川県の生まれである。地元の進学校に進み、将来は数学の先生になろうと漠然と考えていた。そんな折に国際協力の仕事を知った。アジアやアフリカの発展途上国で、現地の人に乳牛の飼育管理を指導する日本人獣医師についてのテレビ番組を見た。この獣医師は国際協力事業団（現在は国際協力機構 JICA）により派遣されていたが、それ以来、猪熊の将来の選択肢として「国際協力」と「獣医師」が大きな割合を占めていくことになる。そもそも、獣医学、とくに動物感染症学と国際協力とは密接に関連している。人でも動物でも、現代では感染症はあっという間に世界中に広まる。もちろん、人や動物の移動が速やかかつ頻繁になったためである。家畜の感染症は人によって伝播されることがある。病原体に触れた人が移動し、健康な家畜に触れることで感染が拡大する。あるいは病原体に汚染された、家畜の寝床となる藁や飼料などを介して感染が広がることもある。このような感染症の拡大はグローバル化が進んだ現代ではつねに起こりうる。牛と豚の口蹄疫、新型コロナウイルス感染症（COVID-19）の例を見れば明らかであろう。また、高病原性鳥インフルエンザのように渡り鳥が病原体を運ぶ感染症もある。感染症の研究者には地球規模の視野と実行力が求められる。人獣共通感染症のように人と動物の双方に感染し、病気を起こすものもある。感染症の分野では、人の医学と獣医学との境界はないといっても過言ではない。獣医師が活躍する国際機関としては、動物のみを対象とする国際獣疫事務局（OIE）ばかりでなく、世界保健機関（WHO）や国際連合食糧農業機関（FAO）などがある。いずれの国際機関でも対象とする動物は、牛、豚、山羊、羊、鶏などの家畜である。犬や猫の診療、研究を行いながら、猪熊の思いはしだいに牛の感染症研究へと傾いていった。

　牛の臨床への想いが募っていくなか、猪熊はちょうど大動物臨床学の教授を募集していた帯広畜産大学に採用された。2005年のことであった。山口大学には都合11年勤務したが、伴侶動物の診療に未練はなかった。朝、大学に登校すると程なく地元の産業動物獣医師や農家から連絡があり、診断がつかない病牛や治療困難な患畜の精査・確定診断に駆り出される。1、2回の投薬で治癒する病気もあれば、重篤で大学病院に連れていかねばならないような病気もある。授業の一環として学生を連れて、あるいは自分の研究に関する材料を採取するために酪農家を訪ねることもあった。最初は自分の牛が大学の研究材料にされることにいい顔をしていなかった農家の人も、猪熊の大学教授らしからぬ風貌と人柄、牛の獣医療に対する熱意にしだいに心を開き、絶大な信頼を置くようになった。農家から戻ると、授業や実習を行い、それらが一段落した夕方からは集めた研究材料を使った実験や研究成果を発信するための論文作成などに集中した。大動物（産業動物）獣医学の領域では、診断困難な疾患、難治性の疾患についてきちんと病性鑑定を行って真実を明らかにし、得られた情報を共有することがとても重要であることから、猪熊は学会や学術雑誌での疾患症例の報告にとくに力を注いだ。多くの症例が集まるにつれて、教科書に金科玉条のごとく書かれている学説がけっこういい加減だったことがわかってきた。昔だれかが書いたいい加減な説を孫引きして教科書を書いたということもありうる。教科書だからと崇め奉る必要はないのである。

　さらに、猪熊は教育改革などの大学運営にも参画した。現在、帯広畜産大学は北海道大学獣医学部と共同で、獣医師養成課程を運営している。学生はそれぞれの大学に入学するが、授業と実習の一部は共同で行う。帯広畜産大学の教員と北海道大学の教員はつねに行き来して授業実習を行い、学生もまた産業動物は帯広畜産大学で、伴侶動物と人獣共通感染症は北海道大学でというように、それぞれの大学が得意とする分野の実習をその場所で受ける。これにより、教育の効率化が図られ、教員が研究に集中できる時間を確保することができる。学生も専門分野に長じた教員から直接教えてもらうことができる。卒業証書は両大学長の連名で授与する。同様の獣医学共同教育は、山口大学と鹿児島大学の共同獣医学部、岩手大学と東京農工大学、岐阜大学と鳥取大学の共同獣医学科でも行われている。このような共同教育により、海外の獣医大学に比べ小規模で、かつ数が多い日本の獣医大学にスケールメリットをもたらすことが期待

されている。ちなみに、海外でも、ヨーロッパの小国スイスにチューリッヒ大学とベルン大学の共同獣医学部がある。猪熊は、帯広畜産大学在職中に、この北海道大学との共同教育課程についてカリキュラムやシラバスなどの作成に尽力し、牛の診療実習では帯広畜産大学の学生は当然のこと、北海道大学の学生にも親身になって自らの知識と技術を伝授した。

　帯広畜産大学で、牛の獣医師として、診療、教育、研究そして管理運営を精力的に行ってきた猪熊に転機が訪れたのは、2019 年の春のことだった。母校の東京大学附属動物医療センターに新しく設置された産業動物臨床学研究室の教授として採用されたのである。牛、豚、山羊、羊、鶏などの産業動物の獣医学は、犬、猫などの伴侶動物の獣医学と同等、もしくはそれ以上に重要である。日本の獣医学の歴史を紐解くと、有史以来、第二次世界大戦までは馬の医学が主流であった。いかにして能力が高い頑強な軍馬を生産するかということが獣医学の使命であった。戦後は食糧難を反映して肉、乳、卵などを生産する動物の繁殖と健康維持へと獣医学が目指す方向が変化した。さらに高度経済成長後、核家族問題が発生し、ともに暮らす家族同様の伴侶動物として犬と猫の獣医学が大きく発展した。一方、現在の日本の農業産出額（金額ベース）の約 3 分の 1 は畜産品である。畜産品の国内安定供給を、間接的ではあるが支援する産業動物獣医学への注力は日本の経済戦略として今後重要性を増していくことだろう。それを見越してか、東京大学附属動物医療センターが産業動物臨床学の教授を公募した。いろいろと迷ったが、猪熊は応募することにした。理由はいくつかあった。一番は母校への恩返しである。東京大学の産業動物臨床を充実させることは、残り十年足らずの教員人生の集大成であると考えた。また、自らの使命と位置づけた帯広畜産大学の獣医学教育改革も、前年に受審したヨーロッパ獣医大学協会（EAEVE）の教育評価で認証を得たことでほぼ達成された。帯広畜産大学に程近い場所に家を建てたが、子どもはすでに独立して夫婦二人暮らしであり、単身赴任する覚悟もできた。程なく採用の決定通知が届き、同年 8 月に 14 年間在籍した帯広畜産大学を離れ、東京大学に赴任した。

　前述したように、東京大学大学院農学生命科学研究科附属牧場は茨城県笠間市に立地している。常磐高速道を岩間インターチェンジで降りて 5 分もかからない。混雑していなければ東京都心から 1 時間半程度で到着する。JR 常磐線を使っても、都心から 1 時間半である。最寄りの駅は岩間駅で、ここからタク

シーで10分ほどである。総面積は36 ha、ここで馬10頭、牛30頭、豚50頭、山羊約100頭、鶏約300羽を飼育している。専任教員として准教授が1名、寄付講座の特任教員が2名、技術員8名、技術補佐委員3名（うち2名は障害者雇用）、事務員3名が常駐している。これに附属動物医療センターに所属し産業動物臨床学担当の教授である猪熊が加わった。附属牧場長は獣医衛生学研究室の教授が兼務している。

　附属牧場では飼育動物を使い、農学部獣医学専修の学生実習ばかりでなく、他学部生のためのセミナーなども行っている。また、関東地方の他獣医大学、畜産関係の大学の学生実習も引き受けている。さらに、附属牧場の動物を用いた研究もさまざまな機関と共同で行い、成果を上げている。実習では、学生は教員とともに牧場内の宿舎に泊まり込み、朝早くから日が沈むまで、動物の世話、搾乳（乳搾り）、乗馬などを経験する。以前は、これらに加えてバターやソーセージづくりなど畜産品に関する実習もあったが、残念ながら現在は行われていないらしい。獣医学生はさらに動物診療の基本も学ぶ。大都市の近郊にこれだけの規模の獣医学、畜産学の実習施設があることは驚愕すべきことである。猪熊は赴任早々、帯広畜産大学で培った動物衛生の知識をこの牧場で実践すべく奮闘を開始した。先に述べたように、猪熊の所属は都内にある附属動物医療センターであるが、産業動物の健康と病気を研究し学生に教えることが職務なので、附属牧場に常駐している。今は、授業や実習、会議などの際は東京のキャンパスに赴き、それ以外は茨城の附属牧場で研究と教育に取り組んでいる。

　附属牧場では、日本中央競馬会（JRA）で実績があった雄の競走馬を引退後に譲り受け、飼養し、子馬の生産を行っている。そのような繁殖牡馬（雄の馬）として、以前「ベルワイド」がいた。ベルワイドは1972年春の天皇賞に輝いた後、引退し附属牧場にやってきた。かなり昔の話になるが、ベルワイドの産駒として附属牧場で誕生、育成した「タケデンフドー」という馬が、1982年の皐月賞で4着に入り、「東大卒の馬」ということでがぜん注目を集めたことがあった。残念ながら、続くダービーでは着外に沈み、期待はもろくも崩れ去った。ベルワイドは1985年2月に附属牧場で死亡した。死因は脊髄損傷であったが、おそらく、指状糸状虫（*Setaria digitata*）という体長が5 cmから9 cmほどの寄生虫によるものと推定された。指状糸状虫は、本来は牛の腹腔

内（お腹のなか）に寄生する線虫であるが、まれに山羊、羊、馬の脳・脊髄や眼球内に寄生して重篤な病変を形成する。「おそらく」と書いた理由は、ベルワイドの脊髄に損傷や出血は観察されたものの、寄生虫の虫体は認められなかったからである。指状糸状虫は、犬のフィラリア（犬糸状虫 *Dirofilaria immitis*）と近縁で、子虫が蚊によって媒介され感染する。近くで牛を飼育している牧場がある場合、放牧馬に感染することがある。現在でも駆虫は容易でない。

　馬の話をもうひとつ。附属牧場で飼育生産されている馬として、アルゼンチン原産のクリオージョ（criollo）がいる。淡褐色〜灰色の毛並みでたてがみと尾が黒く、背には「鰻線」と呼ばれる黒い線が一筋走っている。サラブレッドほど大きくはなく少しふっくらしていて、見ていて心地よい雰囲気の馬である。アルゼンチンでガウチョと呼ばれるカウボーイが乗る馬として知られている。東京大学獣医学専攻はアルゼンチンのラ・プラタ大学獣医学部と 1990 年に学術交流協定を結び研究交流を深めてきたが、その一環として 1994 年に附属牧場にクリオージョを導入した。馬は季節繁殖動物で、毎年春から夏にかけて発情し交尾して妊娠する。妊娠期間は約 330 日とされ、次の年の春に通常は 1 子を出産する。クリオージョの故郷アルゼンチンは南半球に位置しており日本とは季節が正反対であるため、日本に連れてこられたばかりのクリオージョはなかなか発情しなかった。しかし、数年で日本の季節変化に順化し、発情、交尾し、子馬を出産するようになった。

　現在、附属牧場で飼育されている豚はランドレース種（L）と大ヨークシャー種（W）を掛け合わせた LW 種とデュロック種（D）である。これらをさらに掛け合わせた豚（いわゆる三元豚）に、牧場の所在地、笠間市の特産である栗を食べさせて飼育した「栗豚」ポークを名産品にしようと奮闘している。ドングリを食べさせて育てたスペインのイベリコ豚ならぬ、笠間の栗豚である。秋、台風で落ちてしまった栗の実はこれまで廃棄していたが、集めて砕き餌に混ぜて豚を飼育し、おいしい肉を生み出すという発想はまさに一石二鳥である。栗豚ポークを使った生ハムの製作、料理の試食会などを行ってきたが、いずれも好評だという。近い将来、東京大学附属牧場開発の栗豚ポークが市場を席巻する日を期待している。また、附属牧場では東日本大震災後の福島原発事故のため飼い主が放棄した豚を引き取り、死ぬまで飼育した。豚は通常、生後肥育

され6カ月ほどで出荷される。繁殖用の豚も、雌は3年、雄は8年ほどで使命を終える。豚の寿命は10年から15年といわれているので、天寿を全うする個体はまずいない。福島から引き取った豚は9頭で、6歳から12歳時に死亡した。死後解剖したところ、いずれも胆嚢に病変が見つかった。全9頭に胆嚢の炎症、3頭に良性腫瘍、2頭に悪性腫瘍（すなわち、がん）があった。通常豚は若くして処分されるので、高齢動物の病気である腫瘍を見ることはほとんどない。たいへんに貴重な症例であり、東京大学の獣医病理学研究室が論文にまとめ、アメリカの学術誌に発表したそうである。

　附属牧場で飼育する牛はほとんどがホルスタイン種で、生乳を出荷している。山羊はすべてシバヤギで、動物実験用として少数を販売している。鶏については、飼育形態と鶏のストレスとの関係に関する研究を、ある卵会社と共同で行っている。

　猪熊がきてから、附属牧場では動物の病理解剖例が増えた。死亡頭数が増えたわけではなく、死んだ動物のほとんどを病理解剖して死因を突き止めているからである。解剖は文京区弥生にある東京大学附属動物医療センターの解剖室で行われる。そのたびに獣医病理学研究室の面々にお呼びがかかる。猪熊の教育方針は現場重視である。畜産農家が喜んでくれるような獣医療を学生に教えたいと考えている。研究面でも、現場の役に立つ研究にこそ意義を感じている。現在、日本を含め多くの国において、大規模な牛、豚、鶏の生産現場では個体診療をほとんど行わない。多数頭の群を単位として管理しているためである。病気になった動物は治療せず淘汰する。そのほうが管理が楽で、経費も節減できる。むしろ病気の予防に注力する。大学における獣医学教育でも群管理の手法や疾病の予防法を教授しているが、学生には同時に個体診療についてもひととおり経験させる必要がある。とくに生産現場での動物の飼育管理、臨床の経験は非常に重要であると猪熊は考える。そのために、死んだ動物はすべて病理解剖し、死因を徹底的に追求する。それが病気の理解と予防につながる。現場の臨床獣医師、そして畜産農家の役に立つという視点が学生に育つ。さらに、研究の成果によって病気の原因が解明され、予防法や治療法に応用することで生産性も向上する。大学での教育、研究の成果を畜産農家に還元したい。農林水産省で畜産行政と国際協力を、山口大学で獣医学教育と研究を、帯広畜産大学で牛の臨床と獣医学教育の国際化を経験してきた猪熊のライフワークの集大

成がこれから始まる。

獣医師を目指す中高生、獣医大学学生へ——猪熊からのメッセージ

　あなたが獣医師を目指す理由はなんでしょうか？　動物が好きだから？　飼っていたペットが死んだときになにもできなかったから？　人と関わるより楽しそうだから？　みんな十分立派な理由だと思います。しかし、忘れてならないのは、「獣医師の仕事は、動物のためだけではない」ということです。獣医師は動物と人の健康と福祉に貢献することが使命です。獣医師は動物だけを相手にしているわけではありません。獣医師に診療を依頼するのは、ものいえぬ動物たちではなく、飼い主さんです。人とのコミュニケーションがとれなければ仕事は始まらないことを覚えておいてください。牛などの産業動物の場合、その相手は農家です。産業動物は経済動物でもあり、診断や治療に技術的あるいは経済的な限界があります。その制限のなかで、農家の立場に立った考え方ができるよう、学校での勉強以外にもいろいろな経験を積み、共感する力を磨いてください。

　また、獣医師は科学者でもあります。現場にたくさん転がっている未解決の問題を科学的なアプローチで解決し、関係する人たちを論理的に納得させることが求められます。獣医師の技術は同じことを繰り返せば身につきますが、加えてつねに科学的な探求心を持ち、新しい工夫を考え問題を解決する努力も必要です。一見獣医学とは関係がなさそうな科目も科学的な考え方や論理性を養成するうえで役立っていたなと、ずっと後になってから気づきます。今はしっかりと学校の勉強をがんばってください。

　近い将来、あなたが獣医師として活躍し、社会に貢献することを期待しています。

東京大学附属牧場近くの農家で牛の往診。写っているのは獣医学専攻の学生たち。

2' 食肉を生産し販売する
── 河野敬 (かわの・たかし)

　私がまだ30代のころ、河野敬から電話があった。河野は大学の同級生である。卒業してから十数年経ったころだったと思う。「○○の河野ですが」という声に最初はだれかわからずとまどったが、「同級生の河野です」の言葉で一気に記憶がよみがえった。そうだった、大学を卒業後に総合商社のM社に就職したことを思い出した。たしか畜産部だったな。30代の前半まではまだ同級生の動向はよく覚えていた。それが今では記憶がはるかかなたの霧のなかに消えていく。歳はとりたくないものだ。それはともかく、なつかしい声が続いた。「ちょっと、調べてほしいことがあるんやけど」河野の出身は石川県だったはずだったが、なんで関西弁？　「ホルモン用にアメリカから牛の内臓を輸入しているけど、1頭の腸になにか病変がある。もちろんこれは商品にならんけど、調べてくれへんかなあ」また関西弁？

　このようなやりとりがあった数日後、河野から検査するサンプルが送られてきた。たしかに牛の小腸である。ボイルしてあるので白味がかり硬くなっている。さっそく病理標本を作製し、顕微鏡で観察してみた。一度ボイルしているので、標本は傷み、像はあまり鮮明ではない。それでも、肉眼ではっきりとわかる粘膜下の病変部にレンズの焦点を合わせてみると、寄生虫の断面が観察された。牛の腸管で寄生虫性の結節ということであれば、「牛腸結節虫」しかない。「牛腸結節虫 *Oesophagostomum radiatum*」とは、牛や水牛の盲腸や結腸壁に寄生する線虫の一種で、虫体の長さが1.5 mmから2 mm、腸壁に径が4 mmから5 mm　の結節を形成する。寄生された牛は無症状であることが多く、と畜の際に寄生が確認される。牛を解剖した際に、しばしば病変を見つけるが、重篤化することはまれである。駆虫により乳牛で増体率、繁殖成績および初産時乳量の向上が、肉用牛においても増体率、繁殖成績の向上が報告されている。外界で孵化した子虫が牛に経口感染する。国内の牛の感染率はかなり高い。ただし、この症例はアメリカの牛なので、*Oesophagostomum radiatum* ではなく、

ほかの種である可能性もある。河野にはその旨を報告したが、その後どうなったか定かではない。

　その後、河野とは長い間連絡がとれなかった。伴侶動物の病院を始めた、といううわさを聞いたが、それは同姓同名の別人であることが後日明らかになった。次に会ったのは、大学卒業後 30 周年の節目の年の同級会である。二十名足らずの同級生のうち連絡先不明も何名かいたが、多くはなんとか連絡がとれ、当日はたしか 14 名が集まったという記憶がある。変わった者、変わらない者、さまざまであったが、5 分も話をすると昔のイメージがよみがえってきた。河野はというと、白髪が増え、だいぶ恰幅がよくなったが、話しぶりは学生時代とまったく同じであった。M 社の子会社である食品会社に出向しているとのことであった。M 社の畜産部に入社以来、ずっと食料畑を歩いてきたようだ。このときの同級生名簿が手元にあるが、それによると、勤務先が確認できた同級生 20 名のうち、大学教員が 5 名、製薬会社関連が 7 名、食品会社関連が 3 名で、動物病院、農業共済組合、金融関連、医療ライターおよび不明がそれぞれ 1 名ずつであった。卒業後の進路は、大学によっても異なり、また、転職などのため卒業後の年月によっても異なる。私が卒業した大学では、大学や公的研究所、さらには製薬や食品関連の会社も含め、研究職が多いことが特色である。たまたま、私の学年ではいなかったが、農林水産省、厚生労働省、環境省などの国家公務員、都道府県の地方公務員になる卒業生も多い。さらに卒業後 30 年も経つと、管理職や経営者になる者が増え、必ずしも現場業務ばかりを行っているとは限らない。その後、河野は M 社関連のブロイラー（食肉用鶏）生産会社である W-Foods 社に移り経営に携わった。また、その間、子会社の養豚会社の社長として会社を切り盛りすることになる。

　その後、河野に会ったのは数年前のことで、場所は栃木県にある彼が社長を務める前述の養豚会社である。同級生のよしみで、なにか大学との共同研究ができないか、農場の見学を兼ねて相談にきたのであった。大学附属牧場長の K 教授に同行してもらった。この養豚場は約 2500 頭の母豚を飼育し、年間約 5 万頭を生産出荷している。また、雄種豚も飼育し、人工授精に必要な精液の採取を行っている。さらに豚の糞尿などの汚物を発酵乾燥して豚糞肥料を製造し、販売している。時あたかも、豚熱（旧名称は豚コレラ）が関東地方にも侵入し始めており、養豚場は非常に神経質になっていた。通常でも関係者以外は

豚舎内には入れないか、入る場合も着替えて消毒をしてからになるが、このときは豚舎に近づくことすらできなかった。まことに残念ではあったが、豚舎を遠巻きに眺め、豚糞からつくる肥料の製造工程を見学して訪問を終えた。

　豚熱の話が出たので、少し脱線。農林水産省が管轄する法律に「家畜伝染病予防法」がある。2020年4月にこの法令の一部が改正されたが、いくつかの伝染病の名称変更も含まれていた。たとえば、これまで「豚コレラ」と称されていた病気が「豚熱」に、同様に「アフリカ豚コレラ」は「アフリカ豚熱」に変更された。「コレラ」という名称は、コレラ菌によって起こる人の消化器感染症を連想させ、人にも感染するかのような印象を与えるというのが改称の理由である。じつは豚熱もアフリカ豚熱も、人のコレラとはまったく異なる病気で、前者はペスチウイルスに属する「豚熱ウイルス」、後者はアスフィウイルス属の「アフリカ豚熱ウイルス」の感染により発症する。豚熱とアフリカ豚熱は似た名前であるが、まったく別の病気である。豚熱は2018年に26年ぶりに日本国内で発生し、現在も本州中部を中心に散発している。アフリカ豚熱はまだ日本に侵入していないが、すでに中国、北朝鮮で発生し、韓国まで侵入している。いずれも人には感染しないが、ひとたび豚やイノシシに発生すると一気に感染拡大し、重篤化することから、養豚業への影響は甚大となる。現在も、官民あげて豚熱の拡大防止、アフリカ豚熱の侵入防止に躍起になっている。

　今回の家畜伝染病予防法の改正で名称変更された病名として、豚熱とアフリカ豚熱以外に、やはり豚の病気である「水胞性口炎」と「豚水胞病」がある。「水胞性口炎」は「水疱性口内炎」、「豚水胞病」は「豚水疱病」に、「胞」の字が「疱」に変更になった。「胞」とは「膜に包まれた（正常）組織」を意味し、「疱」は「皮膚や粘膜の漿液を含む発疹（病気）」、つまり「水ぶくれ」を表している。「水胞性口炎」と「豚水胞病」の皮膚に観察される病変は「水ぶくれ」なので、「水胞」ではなく「水疱」が適切と考えられる。なぜ、誤った漢字が使われるに至ったのか、詳細は不明である。ちなみに、家畜伝染病予防法で届出伝染病に指定されている「豚水疱疹」では以前から「疱」の字を用いている。

　さて、河野は石川県に生まれた。県内の高校を卒業し、東京で大学の工学部に入学したが、製図の授業を受けていた際に不向きを感じ退学、翌年あらためて生物系の大学に入学した。しかしながら、そのころ獣医師になろうという気はさらさらなかったという。入学後すぐに、かねてから興味があった「落語研

究会」の門をたたき部員となる。河野いわく「堕落した大学生活にのめりこみ
ました。授業は、出席を必須とする授業のみ出て、辞書・資料持ち込み可の試
験を中心に選択し、一夜漬けで勉強し、なんとか単位は取得しました」。この
あたりの状況は私も同様だったので、まったくコメントできない。一方、「落
語研究会」への出席率は抜群で、2 年生になってからは部長を務めたそうだ。
教養課程から専門学部への進学の際に、初めて進路の選択に迫られた。けっき
ょく農学部畜産獣医学科を志望したが、これも、畑正憲さんのムツゴロウシリ
ーズを読んで影響を受け、動物相手の研究もおもしろいかな、という程度の志
望動機であったという。畜産獣医学科進学後も、学生生活の 6 割が「落語研究
会」、3 割が家庭教師のアルバイト、1 割のみが勉強だったので、獣医師への道
もあきらめざるをえないと考えることもしばしばであった。しかし、ここでも
まじめな同級生にアドバイスをもらい、きわめて要領よく単位を取得し、なん
とか卒業が見えてきた。「落語研究会」の仲間は文系が多く、彼らの影響もあ
って、獣医師は目指さずサラリーマンになる道も考えるようになっていた。日
本にとどまらず、世界を駆け回るような仕事に憧れてもいた。そして、10 月 1
日の会社訪問解禁日には、文系の同級生たちと一緒に総合商社への会社訪問を
始めたのである。

　河野は、1980 年に大学を卒業し、大手商社 M 社に就職、畜産部に配属され
た。獣医師国家試験は受けなかった。当時、畜産関連分野への就職を目指す畜
産獣医学科の学生には獣医師国家試験を受験しない者がかなりいた。獣医師資
格のコストパフォーマンスが今ほど高くなかったからであろう。畜産部の仕事
は、食肉など畜産物の輸入販売と国内生産畜産物の販売であった。河野は牛肉
の輸入販売を担当するチームで社会人生活をスタートした。当時、牛肉の輸入
はまだ自由化されておらず、割り当てられた輸入枠内で、おもにアメリカとオ
ーストラリアからカットされた牛肉製品を輸入するのみであった。ところが、
1988 年 6 月に牛肉とオレンジの輸入自由化が決定された（3 年後の 1991 年施
行）。当時、沖縄・那覇支店に勤務していた河野は 1989 年 4 月にその対応のた
め東京本社に呼び戻され、牛肉の輸入自由化に向けての準備作業に従事するこ
とになった。M 社は、牛肉輸入自由化決定とほぼ同時にオーストラリアの牧
場を買収し、牛肉の生産事業に参入した。当時はオーストラリアでは牧草を食
べさせたグラスフェッド・ビーフが主流であったが、日本の輸入自由化を機に、

牧草に加えて穀物も食べさせ、「サシ」と呼ばれる筋間脂肪をつけた日本人好みの柔らかいグレインフェッド・ビーフも生産し、日本に輸出しようという方針であった。しかしながら、当初、オーストラリアの牧場での肉牛生産は実質的に現地パートナーにまかせ、M社が深く介入することはなかったため、生産性は悪く長らく赤字であった。そこでM社が牧場での生産に深く介入し、改善活動を続けた結果、ようやく収益が期待される事業にすることができた。1991年に牛肉は全面輸入自由化された。当初は新規の事業参入者が多数あり、相場は大混乱し、落ち着きを取り戻すのにその後数年かかったと聞く。河野は1990年にアメリカ産の牛肉および内臓肉の担当となった。私が牛の腸の件で電話をもらったのはこのころのことである。

　1992年2月に河野はアメリカのシカゴ支店に転勤し、畜産部の買い付け窓口の担当課長として牛肉、豚肉、鶏肉の買い付けを行った。交渉相手はミートパッカーと呼ばれる食肉の販売者である。ミートパッカーはアメリカ国内の市場で家畜の生体を買い付け、解体、カットして、ボックスミートと呼ばれる商品にして販売している。河野のアメリカでの仕事は、ミートパッカーから買い付けた製品を日本の本社経由で食肉需要家に販売することであった。当時アメリカでは、動物の内臓肉（いわゆるモツ）は、ほんの一部のメキシコ系住民が食べる程度で、手術用縫合糸の原料としての用途しかなかった。M社は、関西のある食肉メーカーと共同で、牛の内臓肉をアメリカ国内で一次加工し、食用としての輸出許可をとり、日本に輸出した。食肉メーカーはそれをさらに日本で二次加工・味付けし、オリジナルのモツ製品として販売した。この製品は日本での販売数量を少しずつ増やし、M社と食肉メーカー双方にとって収益の上がる商品へと成長した。歴史に残る開発商品だったと河野は述懐する。

　ところが1991年ごろ、日本ではモツ鍋ブームが起こり、モツの販売が急増、アメリカの原料が注目され始めた。河野がアメリカで内臓肉を買い付けていた会社は、アメリカ国内に11もの牛肉プラント（工場）を運営する世界一のミートパッカーであったが、日本でのモツ鍋ブームのため、ほかの日本商社からの引き合いもあり、取引価格の引き上げを要求してきたり、目先の需要に乗じて大幅な増産を要請したりとかなり強気の商売を仕掛けてきた。一方、日本のメーカーは、オリジナル商品の販売価格を抑え、適切な増産を望んでいる。この調整こそが河野の商社マンとしての最大の仕事となった。牛内臓肉の品質管

理は M 社が受け持っていたので、このミートパッカーの牛肉工場を定期的に回り、生産状況をチェックし、適切な生産法を指導することが、当時の河野のおもな仕事であった。シカゴ空港から、ネブラスカ州のオマハ空港や、コロラド州のデンバー空港に飛び、レンタカーを借りて田舎の工場まで走る。仕事が終わったら、近くのモーテルに泊まり、翌日もその次の日も検品作業に明け暮れる。アメリカ中西部の広大でのどかな田舎町を数時間もドライブしながら工場を回る楽しい充実した時間であった。

　コロラド州のグリーリーという町に前述とは別の取引先ミートパッカーがあった。そこのセールス担当は副社長のチャーリーで、起業者の孫にあたる。河野より 3 歳若く、普段は明るくて陽気な青年であるが、商売には厳しい。交渉の内容が気に入らないと、途中で突然電話を切ったりする。日本の取引先を連れて事務所を訪問した際も、商談中に興奮してボールペンを投げつけたことがあった。それもおたがい一生懸命に仕事をしている証で、激しいやりとりがあっても最後は陽気に会食をして別れたそうだ。そんなチャーリーがデンバーのメジャーリーグ（MLB）野球チーム、コロラド・ロッキーズの創設に参加していた。現在 MLB は全部で 30 球団あるが、コロラド・ロッキーズは 1993 年に 27 番目に設立されたコロラド州とデンバー市待望の球団であった。日本の食肉関係の取引先をグリーリーの事務所に連れていくと、商談後デンバーまで戻り、クアーズ・フィールドでのロッキーズの試合観戦に招待してくれた。彼はオーナーの一人なので、選手のロッカールームも見せてくれたし、ちょうど誕生日だった日本の取引先の社長のため、試合中に電光掲示板に Happy Birthday のメッセージを出してくれたこともあったという。現在、チャーリーは、ミートパッカー事業を売却し、球団の CEO として経営に注力している。ミートパッカーより野球のほうが楽しいのでしょうね、が河野のコメントである。

　シカゴで 4 年間過ごした後、河野は 1996 年に M 社畜産部に帰任、課長として牛肉の輸入業務を担当した。2003 年 4 月には食品流通部（小売業への出資、食材供給）に副部長として異動、量販店への食材の供給、関連食品卸会社への出資と監督・指導に従事した。2004 年 4 月、今度は飲料原料部の部長に就任し、コーヒー、ジュース、ワインの原料などの輸入販売、関連事業会社の統括を行った。獣医学、畜産学と食品との結びつきは強い。実際、大学で獣医学や

16

畜産学を専攻した卒業生のうち、食品会社に就職する者はかなり多い。河野は2005年12月には、飲料原料部の管轄子会社でブラジル証券取引所に上場しているI社に代表取締役社長として出向した。ここでの業務は、コーヒー豆の輸出およびインスタントコーヒーの製造販売であった。I社は、もともとは日本人移民4名が経営するコーヒー農園の生豆を販売するために設立された。コーヒー豆の価格が暴落した際にインスタントコーヒーの生産を開始したが、その製品の輸出をM社に依頼したことから取引が始まり、その後、M社の出資を受け子会社になった。パラナ州のコルネリオプロコピオという小さな町にI社の工場があった。河野はサンパウロの事務所に常駐していたが、月に2、3回は、サンパウロとコルネリオプロコピオの間を、ほかの従業員と一緒に片道4時間かけて車で往復していた。工場の敷地内にはプールつきゲストハウスやサッカー場があり、出張の際にはそこに宿泊していた。ブラジルの駐在は単身赴任だったので、宿泊施設の充実はじつにありがたかった。

　年に1回は日本出張があったが、旅程の長さは容易に想像できる。日本から向かう場合、成田空港からニューヨークまで13時間、ニューヨークで3時間ほど乗換え待ち時間があり、ニューヨークからサンパウロまでさらに10時間、都合26時間の旅となる。地球の真裏なので、ロンドン、パリ、フランクフルトなどのヨーロッパの都市、あるいはドバイなどの中東の都市を経由する方法もある。私もアルゼンチンへの旅行を3回経験しているが、東京からアメリカ西部または南部の都市まで13時間、そこからブラジルのサンパウロかリオデジャネイロまで12時間、さらにアルゼンチンのブエノスアイレスまで3時間、乗換えの待ち時間も含めると、じつに30時間以上もかかる。移動だけでクタクタになる。これを毎年往復していた河野の心中を思うと同情が止まない。実際、ご尊父の葬儀のため帰国した際には、天候悪化のためサンパウロ空港の出発が遅れた。乗換えのパリのドゴール空港で東京便の出発ゲートまで急いで走ったにもかかわらず、搭乗口のウイングから離れる飛行機を茫然と見送ることになってしまった。次の便の出発まで12時間、父親を失った傷心を抱え、パリ見物に行く気力もなく空港で過ごしたという。けっきょく父親の葬儀には間に合わなかったとのこと。それでも、6年間のブラジル駐在の間、妻、長男、長女がそれぞれブラジルまで会いにきてくれ、イグアスの滝、リオデジャネイロ、さらには足を延ばしてアルゼンチン、チリなど、日本から遠く離れた南米

の地へも家族で旅行に行くことができた。これもなつかしい思い出である。

　ブラジル・アマパー州のマカパという町で、M社と日本の製紙会社との合弁会社が植林事業を行っている。マカパは赤道直下、アマゾン川河口北部にあり、同期入社の友人が赴任していた。休日を利用してマカパを訪問したが、友人が住む市街地は北半球、事務所と植林地はなんと南半球であった。つまり友人は、毎日、通勤のため赤道を越え北半球と南半球を往復していたのであった。町のサッカー場は、センターラインがまさに赤道で南半球と北半球で試合をするようになっていた。アマゾン川支流でのピラニア釣りにも連れていってもらった。サイコロ状に切った牛肉を釣り針につけて沈めると、程なく赤く不気味に光るピラニアが釣れた。さすがに素手でピラニアには触れず、ブラジル人船頭さんに針を外してもらった。その日の夕食はピラニアの唐揚げだったが、チキンの唐揚げとあまり変わらない味だったらしい。

　海外では、サルモネラ菌の汚染のため卵の生食は危険である。河野はアメリカに駐在当初、それを知らずに生卵を食べていたが、ある日アメリカ人の同僚に驚かれた。幸いに事故には至らなかったが、アメリカでは生卵を食べて亡くなる人が少なくないようだ。ブラジルでも事情は基本的には同じということである。私がアルゼンチンに滞在していたときも、チリで生卵の採食による食中毒が発生したというニュースが報道されていた。南米など日系人が多数いる国では、生卵のニーズは大きい。ブラジルには日系人が衛生的に管理している採卵養鶏場がある。その卵はサルモネラ菌フリーで、生で食べることができる。サンパウロなどの日本食料品店で高く売られており、日本人駐在員に人気とのことである。やっぱり日本人は卵かけご飯が好き、またすき焼きでも生卵は必須ですね、とは河野の弁であった。そういえば、アルゼンチンの首都、ブエノスアイレスの日本料理店（もどき？）ですき焼きを食べたとき、生卵はなかったような気がする。締めのうどんの代わりに、スパゲッティを残った割下に入れてくれたのには閉口したが。

　ところで、現在、卵1個がいくらか、どのくらいの人が即答できるだろうか。毎日スーパーで買いものをしている人にとっては簡単な質問かもしれない。実際にスーパーで調べてみると、安いものから高級品までじつにさまざまであるが、普通はLサイズで1個20円から40円程度であろう。食料全体の消費者物価指数は、1970年から1990年にかけて大きく上昇したにもかかわらず、卵

18

の価格はほかの食料と比べて上昇幅が小さい。鶏卵が「物価の優等生」と呼ばれてきた所以である。鶏舎など飼育施設の集積化や育種改良の進展により生産性が飛躍的に向上したことに加え、安定供給のため国から補助金が出ていることも安定価格の理由であろう。あるいは、特別な餌を与え手間ひまかけて丁寧に飼育することで付加価値をつけ、高級卵として高価格で販売する場合もある。採卵鶏はレイヤー（layer）とも呼ぶ。多くの場合、1羽ずつ小さなケージに入れて密な状態で飼育する。これに対し肉用鶏は、前述したようにブロイラー（broiler）と呼ぶ。近年は成長が早い品種が開発され、生後50日程度、体重2.5 kgから3 kgで出荷される。飼育はおもに「平飼い」で、鶏舎内外で自由に運動させる。近年、欧米ではアニマルウェルフェア（animal welfare）の考え方が普及し、日本でも、とくに養鶏において一般的になりつつある。アニマルウェルフェアとは、動物の「5つの自由」、すなわち①飢え、渇きおよび栄養不良からの自由、②恐怖および苦悩からの自由、③物理的および熱の不快からの自由、④苦痛、傷害および疾病からの自由、そして⑤通常の行動様式を発現する自由、を実現することで、動物が快適に生活でき、その結果、生産性や品質も向上することをいう。鶏舎の環境改善、餌や水の質向上、鶏の本能にしたがったストレスフリーな飼育など、日本でもずいぶんと普及してきた。最近は採卵鶏も平飼いで飼育することが多くなってきた。

　鶏の飼育では多くの感染症が問題となる。前述した「家畜伝染病予防法」では家畜伝染病（法定伝染病）として26の病気を指定し、発生した際の対応を規定しているが、このうち3つが鳥類の疾患である。また、家畜伝染病以外で発生時に届出義務がある届出伝染病は71あるが、うち12が鳥類の疾患である。鳥類の家畜伝染病のうち、近年頻繁に発生しているのが高病原性鳥インフルエンザである。人のインフルエンザとは親戚にあたり、原因ウイルスの構造がほんの少しだけ違う。鳥のインフルエンザウイルスの遺伝子に変異が起こり、豚を通じて、あるいは直接に人に感染することがあり、大流行となる可能性もある。高病原性鳥インフルエンザ発生の監視は世界的にもきわめて重要である。

　さて、河野はブラジルで約5年半を過ごした後、2011年に帰国、M社の子会社で菓子の卸し販売を行うY社に役員として出向、2013年10月同社に転籍した。さらに、2015年4月には、やはり子会社のW-Foods社に移り、役員として生産部門を管轄し、おもにブロイラーと豚肉の生産・製造をとり仕切っ

た。私が同窓会で河野と久しぶりに会ったのは、彼が W-Foods 社に移った直後であった。まあ、たしかに風貌や物腰は学生時代とは異なり取締役のそれであったが、醸し出される雰囲気はあまり変わっていなかった。「三つ子の魂百まで」とはよくいったものだ。W-Foods 社は M 社飼料部の管轄のもと、1977年にブロイラー事業を統合する会社として設立された。ブロイラーの生産農場・加工工場の生産性をいかに改善するかが収益増加の大きなポイントとなる。よい雛をつくり、よい餌を与え、よい管理のもとで、効率よく育てることが重要なのだ。ブロイラーは価格競争が激しいことから、いかに安く仕上げるかが生産者の生き残る鍵であり、そのためあらゆるデータをきちんととり、それをしっかり管理して、生産戦略に適用することが必要不可欠である。W-Foods 社は、M 社が輸入した飼料の販売先、すなわち受け皿的位置づけでスタートしたため、当初はブロイラー生産事業の収益は低く、長期間赤字であった。その後ブロイラーの生産性が改善され、鶏肉の消費量の増加とも相まって規模を拡大した。今では M 社の食料部門でも中核的企業に成長している。

　先日、河野から W-Foods 社を無事に定年退職したというメールがあった。

獣医師を目指す中高生、獣医大学学生へ──河野からのメッセージ

　獣医師を目指す学生さんの就職先は、ペットの病院、産業動物の病院、公務員、医薬品や食品メーカーの研究部門がほとんどだと思います。私は、それらとはまったく異なる商社を選びました。かつて商社は商品をメーカーや農家から仕入れ、需要家に販売するいわゆる「トレード・商売」を生業としていました。仕入れ先や販売先を海外にも求め、言葉、通貨（為替）、時差などの壁を超えて売買を仲介することで大きな利益を上げてきました。ところが、今はインターネットの普及などによりだれもが簡単にものを売買できるようになり、「トレード」による大きな手数料は得られなくなってしまいました。現在、商社はこれまで以上にさまざまな「事業」を行う方向に変化してきています。

　私が従事した畜産部の仕事でいえば、以前のようにたんに飼料を輸入して国内の農家に販売する、あるいは食肉を生産者から仕入れて消費者に販売するという業務だけでは成り立たなくなっています。大規模な鶏舎を建て、データにもとづいた鶏の飼育管理を行い、効率的な経営により安くておいしい鶏肉を安定して供給できる体制を構築し、消費者に届けるという事業に切り替えていま

ブラジル・マカパでピラニアを釣る河野。2010年ごろ。

す。また、今後は、きわめて生産性が高い日本の養鶏事業における飼育技術をアジアやアフリカの途上国に移設し、新たな事業を立ち上げるような仕事もあるかもしれません。もちろん途上国でも将来的にはアニマルウェルフェアへの適切な対応は欠かせません。安全・安心の製品を強く求められる可能性もあります。そこに日本の細やかなノウハウを生かすチャンスがあります。

　繰り返しになりますが、商社マンというと、かつては海外の顧客と外国語で丁々発止商売するというイメージでしたが、現在は事業を立ち上げ適切に運営し、トレードではなく事業そのものに収益を求めるというイメージに変化しています。畜産の分野でいえば、商社マンが家畜の飼育管理指導や牧場経営に携わる機会もあります。そのため商社は畜産系、獣医系、農学系の人材を広く求め始めているのです。

　私自身も、学生時代には畜産獣医学という学問がいまひとつ体に入ってこなかったのですが、M-Foods社の生産担当役員になり、実際に家畜家禽の生産現場の苦労を経験して、初めて産業動物の生産性向上に動物の育種学や生理学が重要であることを実感しました。私がたどったキャリアパスは、獣医師を目指す皆さんから見ると主流ではないかもしれませんが、少しでも参考になればうれしく思います。

3 馬を診る・馬を教える
── 南保泰雄（なんぼ・やすお）

　南保泰雄は馬の臨床と研究に30年近く携わってきた。馬の魅力は「目」だという。以前、所属する大学の広報インタビューに「あの大きな目が身近にあるということは、なにものにも代えがたい。特別な気持ちになります」と答えている。たしかにクリっとしたつぶらな瞳を持つ馬は多い。馬の魅力と訊かれて、私は「競馬場のターフを駆ける迫力」と答えてしまう。競馬場での経験（もちろん馬券も含めた）ばかりが頭に浮かぶのである。まあ、でも、全力で疾走する姿も馬の大きな魅力のひとつなのだろう。今、日本で普通の人が馬を目にするのは競馬場か、乗馬クラブあるいは子ども動物園のポニー牧場くらいしかない。馬の飼育頭数は戦前に比べて激減している。馬を専門とする獣医師は、日本中央競馬会（JRA）などの競馬関連団体の所属にほぼ限られている。2010年ごろから日本の獣医大学で教育改革が始まったが、欧米並みの獣医学部教育を実施するため、いくつかの大学で馬専門の臨床獣医師を教員として採用した。南保もその際にそれまで所属していたJRAから帯広畜産大学に移籍した。日本でも、世界でも、獣医学の歴史は馬の医学の歴史である。私も獣医大学での教育に、もっと馬と触れ合う機会をつくるべきだと考えている。今後、それぞれの大学で、南保のような馬の専門家にもっと多く教育を担当してもらうことができないものだろうか。

　前著『獣医学を学ぶ君たちへ──人と動物の健康を守る』にも書いたが、現在世界全体で飼育されている馬は5900万頭弱とされる。このうちアメリカ（17.4％）での飼育がもっとも多く、メキシコ（10.8％）、ブラジル（9.3％）、アルゼンチン（6.1％）などの中南米、および中国（10.2％）が続く（農林水産省資料）。ちなみに、地球の裏側、アルゼンチンには成体でも体高がわずか70cmから80cm、体重も25kgほどのファラベラという種類の馬が飼育されている。一方、最大の馬は体高が170cmを超えるベルジャン種、ペルシュロン種、シャイアー種、ブルトン種などで、体重も800kg程度ある。世界最大の

個体は 1846 年生まれのシャイアー種のシンプソン号で、体高 218 cm、体重 1520 kg とされている。最大の馬の体重は最小の馬のなんと 60 倍である。人間はなんといろいろな馬をつくりだしたのだろうか。日本では、戦前の最盛期に約 150 万頭もの馬が飼われていたという。乗馬、使役、馬車牽引などに用いられていた。田舎ばかりでなく都会にも普通に馬がいた。これが 1992 年には約 12 万頭に減少し、さらに 2015 年には 7 万頭弱になった（農林水産省資料、2017 年）。7 万頭のうち競走馬が約 4 万頭と約 60% を占めている。現在の日本では、子どもたちは動物園でポニーに、大人たちは競馬場でサラブレッドに出会う以外、馬との遭遇はほとんどなくなってしまったのだ。

　さて、南保は神奈川県藤沢市に生まれた。父は長唄三味線の二代目杵屋佐之助であったが、三味線にまったく興味を示さなかった南保に長唄や三味線を強要することはなかった。当時の藤沢は大規模な宅地造成が始まる前で、緑豊かな場所であった。野山や用水路には多くの生きものが生息していた。南保は弱気な子どもで、友だちと遊ぶより昆虫や動物と触れ合うことのほうが好きだった。用水路に網を入れ、そのなかにドジョウやザリガニが入っていたときの興奮は今でも鮮明に覚えているという。父親に動物園や水族館に連れていってもらったことも忘れない。このころの動物との触れ合いが、その後の南保の人生の方向を決定したのかもしれない。父は長唄や三味線に長じ、これを生涯の糧としたが、息子が好きなことについても的確に見極め、動物と触れ合う機会を多くつくってくれたのであろう。南保が小学校に入ったころ、ジョニーという名のシェットランド・シープドックの子犬を飼うことになった。ジョニーの散歩はもっぱら父の仕事であったが、南保も一生懸命世話をした。ジョニーは南保が高校 1 年生のときに、腎臓病が悪化して息をひきとった。これまで動物を飼うことが得意だと自負していた南保はこのとき、この犬を助けてやれなかったことを大いに悔やんだ。そして、これが南保が獣医師という職業を意識するきっかけとなった。

　南保は地元の高校に入学しサッカー部に入ったが、体力も技術も劣っていたため練習についていけず、けっきょく 3 年間で一度も公式戦には出られなかった。このためサッカーに対するイメージはなんとなくほろ苦いものだった。後ほどサッカーが南保の研究人生をサポートするスポーツになるとは、当時は夢にも思わなかった。南保は高校 2 年生のときに「自然気胸」を発症し、その後

も再発に苦しんだ。1 年後に左肺の開胸手術を受けたものの、今度は右肺にも発症し、大学の共通一次試験の 1 カ月前に右肺の手術も受けた。その結果、長い間悩まされてきた肺に穴があく奇病からようやく解放された。手術を担当してくれた医師が同じ高校の OB でまだ若かったので、医学についていろいろな話を遠慮なく訊くことができた。南保の心のなかにこれまではあまり関心がなかった「病気」についての興味が湧いてきた。また、病気と対峙する現場、すなわち臨床医学という分野にも初めて接することができた。これまではたんに動物に関係した仕事がしたいという漠然とした希望を抱いていたが、この経験が動物の医師、すなわち獣医師を目指すより強固な動機づけとなった。

　ムツゴロウこと畑正憲さんの書物を読み漁り、北海道の大自然に触れたいと思ったこと、実家から離れたいということが、南保が北海道の国立獣医大学を受験した大きな理由であった。加えて国立大学の安い学費も魅力的であった。前述したように、南保の父親は長唄三味線の師匠であったが、サラリーマンに比べると収入は少なく、国立大学への進学は必須であった。しかしながら、気胸の手術のため入学試験の 1 カ月前まで 3 週間も入院していたため、試験はあえなく不合格であった。ところが、3 月も半ばを過ぎたころ、不合格だったはずの帯広畜産大学から電話があった。追加合格の通知と入学の意思確認であった。そういうことはほんとうにあるのだと私はあらためて思う。よく「運も実力のうち」というが、そうとしかいいようがないことが、やっぱりある。この年は試験制度の変更により、多くの国立大学で合格者が入学を辞退する状況となり、追加合格者を出す事態となった。南保はこのとき、病気のため十分な受験勉強ができなかったので、浪人して不合格となった別の大学を来年もう一度受験することを考えていた。その様子を見た父が、開口一番「せっかく受かったのだから行ったほうがいいよ」と促してくれた。父は、これまで南保の教育や進路について一切口を出したことがなかった。その父が唯一自分の人生を後押ししてくれた瞬間であった、と南保は振り返る。

　南保は 1 学年の生徒が 540 名というマンモス高校で高校生活を送った。一方、帯広畜産大学は 1 学年の学生が 260 名と高校時代の半分にも満たない単科大学であった。北海道の大学に入学した都会育ちの少年は、帯広の地でこれまで見たこともなかった牛や馬に触れ、すっかり魅せられた。そんな北海道の小さな大学で 6 年間を過ごしたが、その貴重な経験は今となっても忘れられないとい

う。帯広ではじつにさまざまなことがあり、これらの経験は南保のその後の人間形成において大きな糧となった。

　前述したように、南保は高校時代に大きな開胸手術を二度受けたため、もうスポーツは続けることができないと考えていた。大学入学当初の1カ月は課外活動には参加せずに慎重な生活を心がけていたが、異郷の生活にも徐々に慣れてきたので、高校時代に経験したサッカーを再び始めることにした。地元の社会人1部リーグ優勝チームの練習に参加し、しだいに体力をつけていった。そのうち試合にも出られるようになり、得点することもできた。高校時代、まったく芽が出なかったサッカーで成果を上げることができた喜びは、なにごとにも積極的に挑戦するという人生哲学のきっかけとなった。さらに、南保は友人に誘われて競技スキーも始めた。一度も経験したことがないスポーツをすることは大きな決断であったが、北海道らしいスポーツで、素人でも大会で入賞した先輩がいたことを知り、大学生活残りの3年間をスキーに懸けてみようと思った。大学の競技スキー部に入部したが、当初は自分なりに努力はしたものの、なかなかよい成績が得られなかった。4年生も半ばになるころ、あきらめかけた弱気な自分に鞭打ち、「もう1年がんばってみよう」とさらにトレーニングを重ねた。1月と2月に大会に出場し続けたが、まったく振るわなかった。もう限界かな、そろそろやめようかと思っていたある日、十勝のスキー場で行われたジャイアントスラローム大会で奇跡が起こった。その日は途中棄権でもいいやと気楽に構え、積極的にコースどりをした。それが幸いし、緩斜面でもスピードは落ちずそのままゴールできた。納得のいく滑りができ、満足して帰る準備をしていたとき、「第3位、帯広畜産大学南保泰雄選手」というアナウンスが聞こえた。これが平成3年3月3日、トリプル・スリーの日に第3位獲得という、後にも先にもない南保の記録であった。そして、このとき、心に刺さっていたすべての棘が一気に消え去った。心身ともに解放されたと感じた。生まれ変わった南保は、犬や猫の診療にも興味があったものの、大動物の獣医師への憧れから、家畜繁殖学研究室に入室、牛と馬の臨床繁殖学のプロになるんだと決意し、毎日研究室に通った。とはいうものの、ほぼ毎週コンパが行われる楽しそうな雰囲気であることも研究室選びの大きな理由であったらしい。

　南保は大動物のうちでも、とくに馬の繁殖診療を極めようと思い立った。帯広畜産大学の家畜繁殖学研究室では犬や猫を扱う機会はほとんどなく、主に牛

と馬が診療の対象であった。獣医師である研究室の教員が毎日次々とやってく
る農用馬の繁殖診療を行い、上級生がその準備を担当していた。南保はそれを
見様見真似で覚えていった。牛や馬の繁殖診療でとくに重要なのは「直腸検
査」である。お尻の穴から手を入れ、腸壁越しに卵巣や子宮の様子を探る検査
で、牛や馬の繁殖診療には欠かせない技術である。卵巣の表面を触知すること
で発情や妊娠の有無が判断できるし、病気もある程度は診断できる。南保は馬
の直腸検査技術の習得に励み、だれよりもじょうずに行えるようになりたいと
真剣に思った。現在では超音波診断機器を用いて、より精度の高い診断が可能
であるが、当時はまず直腸検査であった。馬の卵巣を直腸検査してその構造を
黒板に記載し教員に評価してもらうという実習があったが、南保は同級生のだ
れよりもじょうずに検査を行えるようになっていた。実習で訪れた馬の生産牧
場でも、妊娠の有無を調べる直腸検査を次々とこなし、飼い主からもほめられ
て自信満々の天狗になっていた。そんな5年生の春のある日、いつものように
馬の生産農家で直腸検査を行っていたとき、突然記憶が途絶えた。気がついた
ら病院のベッドに寝ていた。間断なく襲ってくる鈍くて重い頭痛のなかで記憶
をたどろうとするのであるが、なにがあったのか覚えていないし、そもそも状
況がまったく理解できなかった。ようやく落ち着き、状況がわかるようになっ
たが、どうやら馬に蹴られたらしい。サラブレッド種の馬を甘く見ていた。顔
面に4カ所の骨折、前歯が3本折れ、死んでもおかしくないような大怪我だっ
た。1カ月間の入院はとてもつらかった。幸い大きな後遺症はなかった。普通
の人間はこれにこりて、馬の獣医師になることをあきらめるのであろうが、そ
んなことでへこたれる南保ではない。その後、競走馬の団体であるJRAに獣
医師として就職することになる。不屈の精神力にはまったくもって恐れ入る。
　当時、帯広畜産大学にはドイツのミュンヘン大学獣医学部との交換留学制度
があり、留学生を募集していた。ドイツに行けば、本場のビールが飲めるし、
サッカーとスキーをすることもできると安易かつ無謀な計画を企てていたが、
留学生選抜試験はあっけなく不合格であった。同級生が次々に就職を決めるな
か、南保は将来が定まらず途方に暮れていた。そんなある日、悪い先輩から競
馬の魅力を教えられ、馬券を買ってみた。当時の競馬法では未成年者と学生・
生徒の勝馬投票券（馬券）の購入は禁止されていたので、あまり大きな声では
いえないというか、書けない。私も穴があったら入りたい。現在は「未成年者

は勝ち馬投票券を購入できない」となっているので、学生でも成人していれば馬券は購入できる。ちなみに、2022年の民法改正により成年が18歳以上になったが、同時に改正された競馬法では「20歳未満の者は勝ち馬投票券を購入できない」になった。南保が獣医学生だった平成元年は中央競馬でオグリキャップが活躍し、競馬ブームが訪れていた。南保自身も競馬への興味が否応なしに増し、当然の帰結としてJRAの就職試験を受けることになった。面接試験で「競走馬の生産に関する研究活動に携わりたい」と、本人いわく偉そうに発言したところ、JRAの職員と思われる面接官のうちの何人かが、顔を上げ意外な表情で南保を見つめた。

　南保は1993年3月に帯広畜産大学獣医学科を卒業し、国家試験にも合格して獣医師免許を取得し、JRAに就職した。当時馬事公苑（東京都世田谷区）のとなりにあったJRAの競走馬総合研究所に配属された。大学時代に本格的な研究を経験していない自分がなぜ総合研究所にと思ったが、上司から与えられた「馬の子宮小動脈に関する研究」にのめり込んだ。しばらくして、東京農工大学に国内留学する機会があり、「馬の生殖内分泌に関する研究」も始めることになった。「砂漠の砂が水を吸うごとく」と南保はいうが、研究に関することすべてが新鮮で、知識を得ることの喜びを十二分に味わった。今振り返ると、これが南保のほんとうの研究人生の始まりであった。南保はその後、2002年にJRA日高育成牧場の生産育成研究室に異動し、2010年には同研究室長に就任した。また、2009年からは岐阜大学大学院連合獣医学研究科の客員教授も務めた。研究に加えて、後進の教育にも携わるようになったのである。

　前述したように、近年、日本における馬の飼育頭数は大きく減少しているが、それでもサラブレッドに関しては世界第5位の生産大国である。欧米に比べて競走馬飼育の歴史が浅いにもかかわらず、戦後70年間、競走能力の高い馬を生産しようと努力してきた結果である。サラブレッドは、血統がたしかな雄馬（牡馬）と雌馬（牝馬）を引き合わせ、自然交配させて生産する。血筋のよい子馬が計画どおり生まれ、高額で売れることが牧場主の理想である。また、馬は春から夏に発情し、翌年の春から夏にかけて出産する季節繁殖動物で、妊娠期間は約330日、通常は1子を出産する。牛などほかの動物に比べると繁殖効率が悪い。南保が日高育成牧場に在職中、発情が起こらず困っているという声が生産現場で少なからずあった。そこで、南保は研究を重ね、「ライト・コン

トロール（light control）」という発情誘導方法を確立した。馬房内で夜間に一定時間電球を灯すことで、馬は日が長くなり春がきたと生理的に錯覚する。その結果、繁殖に関連するホルモンの分泌が変化し、発情・排卵が惹起される。手軽で副作用のないこの方法は馬の産地で大評判となり、その後広く利用されるようになった。南保は馬産地の切実なニーズに応えることができたと自負している。

　日高育成牧場生産育成研究室で室長を務めていた 2012 年には、妊娠馬の超音波画像検査法を確立した。以前は、交配後 35 日目ごろに妊娠鑑定を兼ねた超音波検査を一度だけ行うことが一般的であった。この検査はプローブ（探触子；超音波を発生・受信するセンサー）を直腸に挿入し、子宮の様子を描き出すものであった。ところが、このプローブが描出できる音波の深度はわずか 10 cm ほどで、妊娠中期以降に子宮が大きくなり下垂すると、子宮内の胎子の描出が困難になるという欠点があった。プローブをもっと奥まで挿入する必要があったが、当時の器具では不可能であった。このような検査機器の普及も十分とはいえなかった。馬の妊娠期間は約 330 日と家畜のなかでもっとも長い。ところが、妊娠の有無を鑑定するために行う交配後 35 日目ごろの超音波検査以降、獣医師が次に馬を診るのは出産時という状況が続いていた。その間、胎子に異常が生じても検出する手立てがなかったのである。サラブレッドでは、妊娠馬のじつに 15% が異常出産しているという。また、出産日の特定が困難であったことから、牧場主も獣医師も出産に立ち会うために数日間徹夜で監視するなど、たいへんな苦労を強いられてきた。そのような状況のなか、画期的解決法として、南保たちが導入したのが音波深度 25〜30 cm というコンベックス型プローブだ。使いやすい形と優れた操作性で、胎子観察の範囲が飛躍的に広がった。この新型プローブを用いることで、子宮や胎盤の厚さをはじめ胎子の成長程度や性別の判断までが瞬時に可能となった。さらに、描出画像を 3D 化し、世界で初めて馬の胎子の立体画像を構築した。子宮内の胎子の動きも 3D で表現することができる。「今では定期的な超音波検査により病気や異常が早期に発見され、迅速な治療が可能になりました。将来的には出産率の向上も期待されます」。私のインタビューに答える南保の顔が思わずほころんだ。

　南保は 21 年間、JRA でサラブレッドの生産と研究に携わってきたが、2014 年 3 月に母校の帯広畜産大学共同獣医学課程教授に着任した。以来、馬の生殖

機能調節やホルモンの作用、疾病診断法の開発に関する研究を推進するとともに、希少な馬種や社会的にニーズの高いセラピーホースを受精卵移植により効率的に生産するための研究も行っている。馬の繁殖生理にはほかの動物とは異なるメカニズムが多い。馬とほかの動物とを比較し、同じ点（普遍性）と違う点（特異性）を追求、その理由やしくみを考えることは非常に魅力的だと感じている。これからも研究で得られた知見を臨床にフィードバックし、現場の目線で地域に根差した馬産業の発展に寄与したいと抱負を語る。大学では学生の教育も重要な仕事である。馬の臨床や研究に興味を持つ学生との出会いも大きな楽しみである。「Think globally, act locally.」——南保の座右の銘である。自分自身にも、後進にもつねにいい聞かせてきた。大学という教育の場においては、学生たちの人生訓になるだろう。

　帯広畜産大学に赴任した翌年の 2015 年から取り組んでいるのは、「ばん馬（輓馬）」を対象とした研究である。JRA 在職中にサラブレッドで培ったスキルを十勝地方に特有の世界最大級の体格を持つ馬、「ばん馬」の安定生産に生かしたいと考えたのである。南保の「ばん馬」研究を説明する前に「ばん馬」および「ばんえい競馬」について少々説明しておこう。「ばん馬」または「ばんえい馬」とは、わが国で農耕馬として用いられてきた重種馬で、おもにペルシュロン、ブルトン、ベルジャンというフランスあるいはベルギー原産馬の混血とされている。かつては日本各地で生産され、運送や農耕に使われていたが、戦後頭数が激減し、現在はほとんどが北海道で生産され、「ばんえい競馬」に出場するばかりとなっている。ばんえい競馬を行う競馬場は、現在、唯一帯広市にある。コースは 200 m の直線で、やや大粒の砂が敷かれており、途中に 2 カ所の小山がある。競走馬は、ハンデを加えた総重量が 600 kg 以上におよぶソリを引いて走る。騎手は馬にまたがるのではなく、ソリの前部に立って馬を走らせる。私も一度、真冬に帯広競馬場を訪ねたことがある。その日はばんえい競走の開催日ではなく、競馬場はほかの競馬場で開催されるレースの場外馬券売り場として開場していた。昔ながらにアノラックと呼んだほうがぴったりする上着を着たおじさんたちが、立ち食いそばをすすりながら、競馬新聞とレースが映し出されたモニターを交互に見ている。耳には赤と青の鉛筆。石油ストーブの臭気とそばつゆの香りが混ざり合った、どこかなつかしい北国の冬の匂いのなか、レースが大詰めに近づくにつれておじさんたちの顔色が変わり、

場内にはどよめきが起こる。最近オシャレになった JRA の競馬場とはまったく異なる独特の雰囲気に、私は妙になつかしさを感じてしまった。ちなみに「ばんえい競馬」では乾燥したコースを「重馬場」、水分を含んだコースを「軽馬場」というそうだ。通常の競馬とは反対だ。水分を含んだ馬場ではソリがよく滑るからだという。実際、濡れたコースのほうがよいタイムが出るらしい。雪が積もれば最上の馬場となる。

　さて、南保は帯広市内にあるいくつかの「ばん馬」生産牧場に協力を依頼し、40 頭前後の妊娠ばん馬について、妊娠全期にわたり 4〜5 回の超音波画像検査を実施した。ここで活躍したのがポータブル超音波診断装置である。牧場にこの装置を持ち込み、モニターを見ながら診断する。サラブレッドにおける測定値と比較し、世界最大級の重さを誇る「ばん馬」独自の胎子成長モデルと新しい妊娠異常の検出法を見出すことが狙いだという。胎子の性別判定や胎子の成長とホルモン増減の関連性についても研究している。研究の成果として流産や難産の予知も可能になる。開発された新しい手法は、「ばん馬」ばかりでなく、サラブレッドの生産性向上にも寄与するに違いない。さらに、馬はなぜほかの動物と比べて流産が多いのか、その理由の解明にもつながる。加えて、馬以外の大型希少哺乳動物の繁殖への応用も期待される。

　「南保先生のおかげで助かりました」という牧場主からの言葉に、南保は最大の喜びを感じるという。苦労して達成した研究の成果を臨床に応用し、実際に現場で役立っていることに大きなやりがいを感じる。「今後も生産現場の役に立つ臨床研究を続けていきたいですね」と南保はいう。牛の臨床獣医師は生産農場からの、伴侶動物の臨床獣医師は飼い主からの感謝の言葉がほんとうにうれしいのと同様である。獣医師冥利に尽きる瞬間だ。南保の馬への尽きぬ興味と研究への情熱、生産現場への貢献はこれからも変わることがなさそうだ。信条の「Think globally, act locally.」をつねに念頭に置いて、これまでの研究成果、さらには馬の魅力を、大学では学生たちに伝授し、サイエンスカフェなどの場では多くの人たちに積極的に発信している。

獣医師を目指す中高生、獣医大学学生へ──南保からのメッセージ

　「好きこそもののじょうずなれ」といわれるとおり、興味あることを目標に定め受験勉強に励んでください。青春時代（古い言葉ですね！）に出会った

日本在来馬のひとつ、北海道和種。寒冷な北海道の自然に適し開拓を支えた。おとなしく、騎乗時の揺れが少ないことから、近年ではホーストレッキングやホースセラピーなどに利用されている。

人々や経験したものごとから新たな方向性が生まれてきます。世の中で役に立たない仕事なんてありません。私の場合は、「人間万事塞翁が馬」ということわざのとおり、紆余曲折しながらも、馬の生産性向上に携わっています。この活動が、将来、日本の社会に潤いを与え、福祉に役立てばうれしく思います。

4 農業共済組合の仕事
——横尾彰（よこお・あきら）

　千代田区番町のビルの1階に古びた居酒屋がある。横尾彰の行きつけということで、大学の同級生数人が久しぶりに集まった。横尾は飲兵衛と称するにふさわしいが、その酒は比較的陽性である。このときも飲むほどに陽気になったが、だんだんと舌はもつれ目は虚になった。だいたいこういう輩はそろそろお開きというころに、お酒お代わりと叫ぶ。私のようなどちらかといえば下戸に属するものにとっては天敵である。しかし、この日集まった同級生は理性的であったようで、しどろもどろになった横尾の叫びを無視して解散と相なった。

　さて、長らく横尾の職場であった「全国農業共済協会」はこの番町にある。「職場であった」と書いたのは、先年横尾はこの組織を定年退職したからである。「全国農業共済協会」は「NOSAI全国（現在は、NOSAI協会）」と略称され、地方にある「農業共済組合」の全国的な組織である。それぞれの地方には、農家が掛金を出し合って共同財産を積み立て、さらに国の補助をプラスして、災害を受けた際にその共同の財産から共済金を受け取るという「農業共済事業」を司る機関がある。これが農業共済組合である。農業共済とは要するに農業生産物や農機具などを対象とする保険システムで、これには家畜共済も含まれる。家畜共済とは、農家が飼育する牛、豚、馬を対象とする共済制度で、死亡や廃用となった家畜を補償する死亡廃用共済と病気や怪我の診療費を補償する疾病傷害共済とがある。疾病傷害共済事業には家畜の診療も含まれる。農業共済組合は家畜診療所を設置して獣医師を雇用し、共済加入農家への獣医療サービスも行っている。

　横尾は東京生まれの東京育ちである。有名進学高校を卒業後、獣医師への道を選んだ。本書に登場していただいた方々に共通しているが、横尾もまた幼いころから動物好きであった。横尾と同世代で獣医師など動物関係の仕事に従事している者の多くは、私も含め、中学高校時代にムツゴロウ（畑正憲）さんの著作を読んで感銘を受けた経験を持っているのではなかろうか。横尾もその一

人であった。ムツゴロウシリーズの舞台である北海道に憧れ、休暇のたびに頻繁に訪れ、実際にご本人にも面会したそうである。当時ムツゴロウさんはよくテレビに出演されていたし、著作も多いので、年配の方で知らない人はいないと思うが、「いったいだれ？」という若者はいるかもしれない。ご高齢になられたせいか、最近はあまりテレビにも出演されず、著作も減ったようだ。1968年の日本エッセイスト・クラブ賞を受賞した初作『われら動物みな兄弟』や次作の『天然記念物の動物たち』は、横尾同様、私も貪るように読んだ。後者の「アマミノクロウサギ」の章、「YS11 は、小雨煙る鹿児島空港をやっと離陸した。錦江湾の左手に桜島が見えたのもつかのま、厚い雲の中にはいってしまった。上昇するにつれ、明るさが増してきた。大気に充満した雨滴が、ここで光をはじきとばしていた。影をつくらない奇妙な明るさであった。（中略）奄美大島。私には憧れの島であった」という冒頭の文章にしびれたものである。さて、受験生の横尾はムツゴロウさんの著作ばかりでなく、コンラート・ローレンツの動物行動学にも興味を抱き、動物学科がある大学の受験を考えていた。ほかの章でも書いたが、理学部動物学科ではこのころから研究対象が動物個体から細胞や物質へと変遷し始める。動物をミクロではなくマクロで見ることにこだわっていた横尾は動物学科への進学にみきりをつけ、農学部畜産獣医学科に進学し、獣医師を目指すことを決意する。大学を無事卒業し、獣医師国家試験にも合格、晴れて獣医師となった横尾は、中学高校時代からの憧れであった北海道で牛の臨床診療に従事することになる。所属研究室の教員からは大学院への進学を勧められたが、横尾の胸中には早く現場で働きたいという思いが満ちあふれていた。

　横尾は北海道北部、興部にある農業共済組合家畜診療所に所属し、毎日乳牛の診療に明け暮れた。朝から往診に出かけ、感染症の予防注射、蹄の病気の治療、代謝性疾患の診断と治療、さらには繁殖障害の対策まで、精力的にこなした。しかしながら、実際の診療では予想どおりにならないことが多々あったという。七転八倒して苦しんでいた牛が注射一本で翌日けろっとしていたり、反対にこの治療で必ず元気になると確信していた牛が翌朝往診したら死んでいたりと、命を救うことのむずかしさを日々感じた。難産介助の際に判断ミスのため、けっきょく母牛も子牛も助けられなかったことがあった。自分の無力さに情けなくなったが、農家の人には「先生が一生懸命やってダメだったんだから

しょうがないさ」となぐさめられた。申しわけないと思うと同時に責任の重さを痛感した。牛舎がきれいで管理も優れている農家で、細菌性の乳房炎が集団発生したときにはたいそう驚いた。衛生的に見えても油断してはいけないと肝に銘じた。就職して3年ほど過ぎたころ、当時北海道で問題となっていた「特発性うっ血型（拡張型）心筋症」という心臓の遺伝病を見つけ、解剖した材料を大学で病理学の研究を行っていた私に送付し、病理学的に確定診断してもらったことがあるという。インタビューの際に「持つべきものは頼りになる同級生だね。ありがたかった」といってくれたのだが、じつは私はまったく覚えていない。なんとなくこそばゆい。

　そもそも雌牛は出産しないと乳は出さない。あたりまえのことであるが、意外と知らない人が多い。乳牛をミルク産生マシンと考えている人もいる。出産せずにミルクを出す哺乳動物はいない。獣医学部に入学したばかりの学生に、ミルクを出すのは雌牛と説明するとあたりまえだという顔をする。しかしながら、それでは雄牛はいったいどこにいるのかという質問にはほとんどだれも答えられない。実際、日本でもっとも一般的な乳牛であるホルスタイン種の雄牛で、繁殖に供されるのはごくわずかしかいない。高乳量家系（すなわち多くの牛乳を産生する優秀な雌牛の家系）の雄牛のみが全国に5カ所ある家畜改良事業団の「種雄牛センター」という施設などに集められ、人工授精用の精液を採取される。「偽牝台」と呼ばれる跳び箱のような器具をあてがわれ、それを雌牛と勘違いした種雄は興奮して筒状の人工膣に射精する。なんとも切ない。同性として同情至極である。ちなみにホルスタイン種の雄牛はでかい。体重が1トンほどもあり、ライオンのように吠える。雌のホルスタインの2倍である。さて、これもあたりまえのことであるが、ホルスタイン種の牛も雄と雌が生まれる割合は1：1である。数少ない種雄牛以外の雄牛は産まれた後にいったいどこへ行ったのだろうか。これまた悲しいかな、肥育されて、すなわち食用にするために肥らされて、肉牛として出荷される。肉牛としては、和牛のようなエリートではなく、手頃な値段で売られる悲しい運命だ。牛の繁殖にまつわる切ない話をもうひとつ。種雄牛の精液は薄められ、バイアルに分注されて冷凍保存される。優秀な雄の精液は高額で売買される。酪農家は精液を買い、人工授精師または獣医師に人工授精を依頼する。バイアルのなかの精液は解凍され、大型の注射器で、なんと雌牛の子宮内に注入される。うーん、やっぱり悲しい。

またしても話が脱線してしまった。もとに戻そう。

横尾は牛の獣医師として6年間北海道で過ごした後、1986年に実家がある東京にUターンした。横尾が東京で再就職したのは、社団法人全国農業共済協会（NOSAI全国）である。当時、牛などの家畜共済事業を行う農業共済組合は、一般的には市町村レベルで設置されており、それらの連合会が各都道府県にあった（現在は組織合併が進んで都府県レベルの組合がほとんどで、その場合は連合会は存在しない）。さらに、これらの連合会などの中央団体がNOSAI全国であった。東京で再就職した理由を横尾に尋ねたところ、いずれUターンを考えていた、30歳前後が仕事の転機と考えていた、長男の小学校入学が迫り親からも要請があったという回答であった。ただ、最初からNOSAI全国に決めていたわけではなく、乳業、薬品、出版などの業界も候補としたが、自分の性格から向いているとは思えず、また大学の恩師の紹介もあったので、最終的にNOSAI全国に決定したという。大くくりで考えると、家畜共済事業の現場である地方の診療所から、中央の核心部に異動したということになる。中央団体に入って一番強く感じたのは、北から南までそれぞれの地方で考え方がずいぶん違うこと、中央団体の意向は全国的な畜産政策の決定に影響する機会が多く、その分責任も重いことなどである。家畜臨床の現場に立つことはなくなったが、これもまた獣医師資格を生かしたやりがいのある仕事だと思うようになった。

転職当初は、家畜共済の事務処理システムが担当であった。あたりまえであるが、業務内容は北海道の臨床現場とはまったく異なり、とにかく面食らうことが多かった。早々トラブル続出で、帰宅は毎晩10時過ぎ、土日も出勤という状況で、北海道での夜間往診とは違うつらさがあった。このような中央団体では、家畜共済現場の意見を畜産などの政策に反映させる機会が多く、その役割を果たす責任も感じるようになった。また、中央ではとかく「農家のために」というが、実際に現場を経験してきた者として、きれいごとだけではなく現場の本音も伝える役割も考えるようになった。中央団体にいると、農業や畜産業関連の役所や団体でさまざまな委員を依頼されるので、会議の場で大学時代の同級生など顔見知りに会う機会が多く、機に乗じてNOSAI全国が発行している雑誌「家畜診療」の原稿執筆や研修・講習の講師を依頼するなど、いろいろな場面で支援してもらい、ほんとうに助かったという。同級生は大切にし

なければならない。私のように依頼されたことを忘れるなど論外だ。また、著名な政治家に会う機会もしばしばあったらしい。偉い政治家ほど腰が低く、相手によって態度を変えないという。これはどんな世界でも真実なのであろう。横尾は、将来の産業動物臨床獣医師を確保するための対策として NOSAI が主催する①NOSAI 診療所での獣医学生の臨床実習受け入れ、②NOSAI での獣医師採用状況の調査および採用情報のとりまとめ、③獣医学生向けの NOSAI 採用説明会、④学生の就職についての獣医大学教員との懇談会開催、などの仕事にも長年携わった。NOSAI のなかで大学との接点がもっとも多い職員でもあった。

　さらに、横尾は 2003 年に「公益社団法人日本獣医師会（以下、日本獣医師会）」の家畜共済担当理事になった。家畜共済と産業動物を担当し、さまざまな関連委員会および獣医師会雑誌の編集委員会にも参加した。NOSAI 全国を定年退職し、株式会社共済薬事に再就職した 2016 年以降も、日本獣医師会の理事職は継続している。ここで、日本獣医師会について触れておこう。獣医師免許を有する者を会員とする職業団体で、2019 年 3 月の会員数は 2 万 5761 名である。獣医師は動物の診療ばかりでなく、より幅広い活動を通じて、動物と人の健康に大きく関わっている。具体的には、①牛・豚・鶏・馬などの産業動物や、犬・猫などの小動物の健康を管理し病気を診断治療する、②公務員として、家畜伝染病の防疫や動物検疫といった家畜衛生、人と動物の共通感染症の予防や食肉などの食品の衛生を監視する公衆衛生、または動物愛護などの分野で社会生活の維持に貢献する、③大学や研究所などで獣医学、医学、畜産学などに関する研究や獣医学生の教育に携わる、④野生動物の保護、管理に関する対策を行う、または動物園動物などを管理する、⑤バイオメディカル分野で、医師と協力して人の医学の発展に貢献する、ことなどである。このような多様な職域を有する獣医師の組織が日本獣医師会であり、そのおもな活動内容は、①獣医学術の振興・普及、②次世代人材の育成、③獣医師の仕事についての社会的啓発、および④獣医事に関連する社会的問題の検討と提言、である。一方、たった一文字しか違わない似た名前の組織として「公益社団法人日本獣医学会」があるが、こちらは「獣医学」という学問の専門家団体で、入会に獣医師資格は不要、興味さえあればだれでも会員になることができる。研究発表の場である学術集会の開催、学術雑誌の発行、学術

賞の授与などがおもな活動である。会員はおもに大学の教員、学生、研究所の研究員などである。横尾は前者、すなわち日本獣医師会の家畜共済担当理事になったのである。これまでの家畜共済事業の運営で培った経験を生かして、わが国の獣医師が行っている数々の活動について現在も社会的理解の醸成に尽力している。

　「日本獣医師会」の話題が出たところで、獣医師会と医師会との協力について少々述べておこう。2016 年 11 月に福岡県北九州市で第 2 回目となる「One Health に関する国際会議」が開催され、「世界獣医師会」と「世界医師会」が、「人獣共通感染症の予防、医療と獣医療における抗菌剤の使用、医学と獣医学の教育の改善・整備について協力を図り、健康で安全な社会の構築を目標として One　Health の概念にもとづいて行動・実践する」という内容の協定を結んだ。すでに同様の協定を結んでいる「日本獣医師会」と「日本医師会」がこれに加わって、4 者による「福岡宣言」が採択された。「One　Health」とは 2004 年 9 月にニューヨークで開催された World Conservation Society 主催の感染症対策会議（One　World,　One　Health 会議）で最初に使われた言葉で、「人の健康は、動物の健康および人と動物を取り巻く環境の健康に大きく依存しており、これらすべての健康を地球規模で持続的に守らなければならない」という概念である。伴侶動物臨床、産業動物臨床、食品衛生や環境衛生などの公衆衛生、疫学、野生動物管理、生態などの獣医学術分野がすべて含まれており、まさしく獣医師の職域を端的に表現している概念である。伴侶動物臨床は、おもに犬と猫を対象とした獣医診療で、フェレットやハリネズミなどの、いわゆるエキゾチック・ペットも含まれる。飼い主は動物とともに過ごすことで幸福な気持ちになり、豊かな人生を送ることができる。一方、産業動物には、牛、豚、鶏、羊、山羊などが含まれ、人間はこれらの動物が生産する肉、乳、卵、毛、皮などを利用する。産業動物の健康はその生産物を利用する人間の健康にも影響する。人が口にする動物由来食品の衛生管理や品質は、動物の健康があって初めて達成できる。さらに、人にとって快適かつ健康的な環境の保全は、そこに生息する野生動物、植物の存続にとってもなくてはならない。「One　Health」、すなわち「人、動物、環境の健康」は、全世界の獣医師が目指すべき職業上の目標なのである。このうち「人の健康」は医師、歯科医師、看護師などの医療系職業の目標でもある。近年、「One　Health」の合言葉のもと、世界各地で獣

医師と医師との協働が始まった。日本でも 2013 年に日本獣医師会と日本医師会が協定を結んだのを皮切りに、その後、全都道府県でそれぞれ獣医師会と医師会が協定を結んだ。そして、前述したように、2016 年に世界獣医師会と世界医師会が協定を結び、「福岡宣言」が採択されたのである。2016 年の One Health 国際会議には横尾も参加し、小倉駅前の居酒屋で私と久しぶりに一献傾けた。体は小さいが、相変わらずよく飲む。あまり飲めない私と比べると、3 倍くらい飲んでいる。いつものことではあるが、酔うほどに舌はもつれ目は虚になる。楽しい酒なので人様に迷惑はかけないが、自分自身の健康には気をつけてあまり飲み過ぎないよう自己管理してほしい。

　ところで、NOSAI 全国が発行している「農業共済新聞」の 2019 年 7 月第 2 週号の記事によると、「NOSAI の家畜診療所は、44 道府県に 231 カ所あり、年間の家畜共済病傷事故約 231 万件のうち、約 7 割の 153 万件の診療を行うなど産業動物診療の大部分を担っている。1700 名以上の獣医師が、診療だけでなく、損害防止や家畜衛生など多様な役割を果たし、畜産振興に貢献している。しかし、小動物の獣医師が増え、獣医師の地域偏在や職域偏在が進み、産業動物獣医師の確保がむずかしくなっているのが現状である。NOSAI では、獣医学系大学の学生の実習の受け入れなど獣医師の確保に努めている」という。横尾も産業動物臨床獣医師確保のため、さまざまな対策に関わってきた。具体的には、獣医大学での講演、NOSAI 診療所での獣医大学生の実習受け入れなどである。そういえば、「獣医師採用説明会をやりたいので、学生さんを集めてくれますか」という横尾からの依頼が毎年あったなあ。農林水産省は 2 年ごとに獣医師の職域状況調査を行っている。じつは、この調査は獣医師法で定められていて、獣医師の義務である。調査結果によると、NOSAI や農協などの農業関連団体が運営する家畜診療所および個人診療の産業動物獣医師数は、2000 年には 4298 名であったが、2008 年は 3591 名と減少、2018 年は若干増加したものの 3757 名である。これに対し、犬や猫などの小動物臨床獣医師の数は、2000 年に 9116 名であったが、2008 年に 1 万 2913 名、2018 年では 1 万 5774 名と増加している。産業動物獣医師数の減少は日本の畜産業にとって大きな痛手となっている。NOSAI はもとより、日本獣医師会もこの危機を克服するべく、獣医大学卒業生が産業動物臨床に就業しやすい環境の整備に尽力している。このような獣医界をあげての努力が多少は功を奏したのであろうか、最近、産

38

講演会で熱く語る横尾。早くコロナ禍が終息し、対面式の講演会が復活してほしい。

業動物臨床を目指す獣医大学生が少し増えているような気がする。

　横尾も私もとうに還暦を過ぎ、現役を引退した。二人とも第二の人生を歩んでいるが、幸か不幸か退職前の仕事に関連した業務を続けている。情報交換も兼ねてたまには二人で一杯と考えているが、コロナ禍でそれもかなわないご時世である。

獣医師を目指す中高生、獣医大学学生へ──横尾からのメッセージ

　近年、獣医師の守備範囲は大きく広がっています。われわれ産業動物獣医師の守備範囲を見ても、いわゆる農場管理獣医師を中心として、産業動物を治療するだけでなく、食の安全・安心、家畜衛生、家畜福祉など多岐にわたっています。獣医師を目指す皆さんは、きっかけは動物が好きだからなど単純なものだったかもしれませんが、一生の仕事として獣医師がどのような分野で活躍しているのか、自分の目で確認してみてください。そして進路を自分自身で選んでください。どの分野であれ、われわれ獣医師は人と動物の命を預かる仕事を担っています。大げさにいえば使命です。現場にいても中央にいてもそれは同じです。広くいろいろな分野を知り、ひとつひとつ選んで自分の道を進まれるよう願っています。

5 犬と猫のお医者さん
──諸角元二(もろずみ・もとじ)

　その犬は頭を下げたまま上目づかいで不安げに飼い主を見ていた。ときどき頭を上げようとするが、突然襲ってくる首の痛みに耐えきれず悲鳴をあげる。痛みのため歩き方もぎこちなく、尻尾を下げたまま猫背で立ちすくむ。見かねた飼い主が抱き上げるが、よりいっそうの悲鳴をあげるようになる。飼い主はなにもできずオロオロするばかりである。犬の椎間板ヘルニア、とくに頚部の椎間板ヘルニアの痛みは激烈で、犬はつねに不安な顔つきになる。急に痛みを訴えたという飼い主の話と前述したような犬の動作を観察するだけで、頚部椎間板ヘルニアと診断できる。

　埼玉県で犬や猫の動物病院を開業している諸角元二は、先ほど来院したミニチュア・ダックスフンドを一瞥しただけで、頚部椎間板ヘルニアを確信した。痛みがこないようにゆっくりと頚部のX線像を撮影し、いずれかの椎間腔（頚椎と頚椎の間）に狭い部分が見られたら、その部位の椎間板ヘルニアと暫定的に診断し、確定診断のため同部のMRI像を撮影する。頚部椎間板ヘルニアの診断が確定したら、そのまま入院させ翌日の午後に手術を実施する。最近では、動物専門にMRIやCTの画像を撮影し、読影して臨床獣医師に結果を報告する動物画像診断センターが増えており、比較的短時間のうちに画像が手に入る。諸角は「今、治してやるぞ～」と心のなかで犬に声をかけてから手術に臨む。

　頚部椎間板ヘルニア症例のほとんどは、「ベントラルスロット法」で手術を行う。手術用のドリルで頚椎の腹側から椎間腔に向けて小さな穴をあけ、脱出した椎間板物質を摘出する。この方法による手術は術創周囲の頚部の筋肉を傷つけないため、術後の回復が早い。術後の頚椎の不安定性を避けるため穴はなるべく小さくあける。諸角は犬の椎間板ヘルニアの手術が得意で、手術用顕微鏡を用いるようになってからは最少2.6 mm幅の穴もあけられるようになった。じつは、それ以下の幅の穴もあけられるのだが、椎間板を摘出する器具の挿入

が困難になり、脱出椎間板自体も摘出しにくい。実際には、手術器具が入るように 3 mm 幅であけている。

　さて、手術が終わり全身麻酔から覚醒すると、犬はそれまでの激痛から解放され、普通の顔をしていることが多いという。四つ足歩行ということもあり、椎間板ヘルニア手術からの回復は早い。諸角の病院では、早ければ手術翌日に退院させている。退院時になにごともなかったかのように尻尾を振りながら走り寄ってくる犬を見て、感極まり涙ぐむ飼い主も多いとのことである。「先生、ほんとうにありがとうございます」という飼い主の言葉は、多くの獣医師にとって、「獣医師になってほんとうによかった」とつくづく実感する最大級の賛辞なのである。

　第 4 章でも触れたが、獣医師は職業およびその内容、住所などを 2 年ごとに居住地の都道府県を通して農林水産省に届け出るよう、獣医師法第 22 条で定められている。この届出をもとに作成された農林水産省の資料によると、平成 30（2019）年（令和元年 11 月公表）のわが国の獣医師の届出数は 3 万 9710 名で、うち 1 万 5774 名が犬や猫の診療施設で働いている（病院開設者と被雇用者を含む）。また、令和元年に登録された小動物（＝伴侶動物）の診療施設（＝動物病院）数は 1 万 2116 で、うち獣医師が 1 名の病院は 7698 である。すなわち、届出獣医師の約 40% が犬や猫の病院を運営し、そのうち獣医師が一人しかいない病院がじつに 60% 強におよぶ。国際獣疫事務局（OIE）が調べた 2014 年の人口 10 万人あたりの獣医師数はアメリカ 49.2 名、カナダ 43.6 名、イギリス 44.8 名、フランス 50.4 名、ドイツ 36.4 名、イタリア 42.3 名、スペイン 122.0 名、オーストラリア 52.2 名であるのに対し、日本は 30.7 名と先進国中で最低である。一方、牛換算家畜数 10 万頭あたりの獣医師の数は、アメリカ 139 名、イギリス 199 名、フランス 155 名、ドイツ 156 名であるが、日本はなんと 664 名である。牛換算家畜数とは、牛、水牛、馬、ロバ、ラバ、ラクダはそのまま 1 頭、豚は 5 頭、羊、山羊、リャマ、アルパカは 10 頭で 1 頭分とした産業動物の換算単位である。この数字から判断すると、わが国は獣医師供給過多ということになる。すなわち、日本では牛、豚などの産業動物の数が欧米に比べて圧倒的に少なく、獣医師の多くは犬や猫の診療に従事しているという事実、そして犬や猫の動物病院の半数強が院長の獣医師がたった一人で診療している病院という事実が明らかになる。

　さて、諸角は東京生まれの東京育ちである。両親が犬好きで、家にはつねに
犬がいた。2 歳のころ、スピッツの子犬をきちんと抱いている写真がある。犬
を抱く際には、犬が安心するようにお尻の下に手をあてて抱え込むようにとい
う母親の指導が徹底していたためであろう。諸角にとって家で飼っていた犬た
ちは大切な宝物だった。生まれたばかりの子犬を自転車の前カゴに入れて、町
中に自慢しにいくような少年だった。犬のお産も何度か見ている。相当な犬好
きでも、なかなかお産まで見ることは少ないと思う。このころから、犬や猫の
病院を開業する夢を持つようになる。小学校 4 年生のある日、学校の建物脇の
細い道に、お腹から腸が出たまま、じっと座っている生後 3 カ月ぐらいの子犬
がいた。おそらくほかの犬に咬まれた傷だったのだろう。子どもたちは廊下の
窓からこわごわとその子犬を見ていたが、当然のことながらどうしていいかわ
からなかった。一人の勇敢な女の子が獣医さんに診てもらおうと提案し、傷つ
いた子犬を抱き上げ小さな箱に入れ、放課後に 5〜6 名で近くの動物病院に連
れていった。だれがどのように経緯を話したのか、すでに忘れてしまったが、
子どもながらに一生懸命状況を説明したという。獣医師はやさしい人で、無料
で子犬の手術をしてくれた。諸角はほかの子どもたちと一緒に、ガラス窓の外
から手術を見ていた。おそらく、お腹のなかを抗生剤入りの生理食塩水でよく
洗浄し、傷口を縫い合わせたのだろう。手術自体はそれほどむずかしくはない
が、術後の管理がたいへんであったと思われる。とにかく傷からの感染を防が
なければならない。幸い子犬は無事に回復し、病院に連れていくことを提案し
た勇敢な女の子の家で飼われることになった。後日、この話は学校の知るとこ
ろとなり、美談として取材を受け、区の広報誌や教育関係の新聞に掲載された。
記事には後日撮影された子どもたちの写真まで載ったのである。たいへん誇ら
しい美談であるが、諸角は「大人になった今考えてみると、ほめるべきは子ど
もたちの気持ちをくみとり、すべてのめんどうをみてくれた獣医さんでしょう
ね」という。まさしくそのとおりだと私も思う。この体験は、伴侶動物の獣医
師に対する敬意と憧れを諸角に抱かせた。
　動物に囲まれて育った諸角は中学生になり、知り合いから誕生日プレゼント
として、本多勝一著『北海道探検記』という本をもらった。著者の本多勝一が
1960 年代の北海道を実際に歩き回って書いた写真つきの見聞録である。諸角
はこの本を大事にしており、50 年以上経った今でも持っているそうだ。この

本に描かれている1965年ごろの北海道は、まだ道東にパイロット・ファームという農業開拓団が存在しており、生活するには驚くほど厳しい土地であった。この本には、厳寒のため家のなかで飼われている牛の写真がある。当時の日本は、前年に東京オリンピックが開催され、高度成長期のまっただなかであった。東京で何不自由なく過ごしていた諸角にとって、北海道はとても同じ国とは思えず、いつか行ってみたい土地という漠然とした想いの対象であった。帯広畜産大学畜産学部獣医学科への進学を目指した理由として、親元を離れて一人暮らしをしたいという憧れもあったが、じつはこの本の存在が大きかった。

　諸角が入学した帯広畜産大学には地元出身者は少なく、日本中から学生が集まっていた。そのほとんどは大学構内の寮や周辺の下宿、アパートに住んでいた。諸角は構内の男子寮に転がり込んだが、当時の大学寮にはまだまだバンカラな気質が色濃く残っており、しばしば「部屋回り」と称して、夜中の1時や2時に酔った上級生が大声で怒鳴りながら1年生を起こし、一人ずつ自己紹介などをさせる儀式があった。声が小さいと何度でもやり直しをさせられた。これが週に何回もある。現在、このような蛮行が許されるわけはないが、当時はどこの大学でも普通に行われていたようだ。さすがに耐えかね、早々に寮を出て一人暮らしを始めたが、逆に寂しくなり毎晩同級生の下宿を訪ねていた。なにもない狭い部屋に皆で集まり、毒にも薬にもならない話をしたり、麻雀に夢中になったりした。たしかにそういう時代だった。諸角とほぼ同世代の私も学生時代は似たような生活をしていた。また、授業がないときには（あるときも？）道路の白線引き、農業試験場でのジャガイモ掘り、田舎道の交通量調査など、アルバイトばかりしていたそうである。諸角いわく、「このときの経験はその後の人生の糧になっています。学生アルバイト大いにやるべし。でも、最近獣医大学では勉強すべき事柄が多いので、学生はアルバイトをする時間がないかもしれないなあ」。

　本分である学業についてはあまり熱が入らなかったという。夏は青空と緑の十勝平野、遠くに日高山脈が見え、朝はカッコーの鳴き声で目覚めるという環境のなか、一生懸命勉強しろというのは無理だ。冬は冬でまた風情があり、驚くほどきれいな雪景色にひたすら感動していた。だれだって勉強などしない。大学には毎日行っていたが、パチンコと麻雀、アルバイトに明け暮れる、不まじめな学生だった。ところが、3年生になったとたん勉強を始めた。きっかけ

は、獣医外科学研究室に所属したことである。研究室で尊敬する先生や先輩に
出会い、影響を受けて諸角は変わった。私はこの諸角の心境の変化にいたく共
感する。当時、獣医外科学研究室の助教授であった故・廣瀬恒夫（後に教授、
名誉教授）からは多大な影響を受けたという。最初は近寄りがたい存在であっ
た廣瀬が「質問や意見があれば、まずは自分の頭で考え十分吟味したうえで僕
のところにきなさい。そうしたら僕は 1 時間でも 2 時間でも君に付き合ってあ
げるよ」といってくれた。これぞまさしく究極の教育なのであるが、不まじめ
な学生に真正面から真剣にいってくれたのである。諸角はそれから人が変わっ
たように勉強した。諸角が帯広畜産大学で学んだ一番大事なことは「自分でよ
く考え自分の意見をいうこと、さらに自分でやってみること」であった。

　諸角の夢は伴侶動物の病院を開くことだったので、帯広畜産大学を卒業後、
東京大学附属家畜病院（現・附属動物医療センター）の研修生になった。採用
面接の際に体が丈夫かどうかを訊かれ、体力には自信があると答えたそうであ
るが、実際に研修生生活が始まってみると診察室に泊まり込む夜も多く、たし
かに体が丈夫でないと仕事にならない毎日であった。令和の世の中では、こん
な生活を研修生にさせるわけにはいかない。しかし、当時はそんな生活のなか
でみっちりと獣医学の基礎となる考え方を学ぶことができた。家畜病院では、
その後の諸角の人生に多大な影響を与えてくれた佐々木伸雄助教授（教授を経
て、現・名誉教授）との出会いがあった。佐々木は竹を割ったような性格で、
研究室ではつねに学生や研修生のことを考えてくれた。諸角は 2 年間の研修生
生活のなかでいろいろと失敗をしたが、いつも佐々木に助けてもらった。研修
生 2 年目のときに、治療ミスにより担当した犬が死亡してしまった。明らかに
自分の失敗であったにもかかわらず、佐々木はその後の飼い主さんとのたいへ
んなやりとりをすべてやってくれた。諸角はいう、「あのころの私はまだ若葉
マークつきの獣医師だったのに、飼い主さんに、先生と呼ばれて、天狗になっ
ていました。飼い主さんは獣医師のいうことは真剣に聞いてくれるし、自分を
一人前の獣医師であると錯覚していたのでしょう。研修生でしかない自分の後
ろにはベテランの先生が控えているということをほとんど考えていなかったと
思います」。うーん、なるほど。新米獣医師の皆さん、人間、謙虚であるべき
です。よーく肝に銘じてください。

　さて、私の家から最寄りの駅までは 2.5 km ほどである。歩くと 30 分くらい

かかるが、その間に動物病院がなんと4軒もある。私がここに引っ越してきたのが25年前、そのころはまだ森と畑に囲まれていたが、だんだんと家が増え、道路は拡幅され車の通行量が増えた。典型的な郊外の新興住宅地である。犬や猫などペットを飼う家庭が増え、それにつれて動物病院の新規開業も増えたのである。ところが、ここ数年、わが国の犬の飼育数は減少している。一般社団法人ペットフード協会が発表した改定計算式による飼育数の推計では、2016年の871万4000頭から減少に転じ、2021年は710万6000頭になった。一方、猫の飼育数は2010年以降、横ばいから微増で、2021年は894万6000頭であった。全体としては犬猫の飼育頭数は減少しているが、私の家がある大都市近郊の住宅地ではむしろ増加しているようだ。家の2階の窓から歩道を眺めていると、かなり頻繁に犬の散歩が通る。動物病院の数が増えたこともうなずける。

　昨今、犬や猫の飼育にいったいいくらくらいお金をかけているのだろう。公益社団法人日本獣医師会の資料「家庭飼育動物（犬・猫）の診療料金実態調査及び飼育者意識調査・平成27年度」によると、餌や飼育道具など飼い主が動物の飼育にかける費用は、平均で1世帯あたり月1万1000円、このうち動物病院にかかる医療費は7400円となっている。ちなみに、静脈内注射を1本うった場合、1000円から2000円の病院が51%、2000円から3000円の病院が31%であったが、なかには1本2万5000円から3万円の病院もあった。また、乳腺腫瘍の全摘出手術は、3万円から7万5000円という病院が半数以上であったが、1.2%の病院では30万円以上かかっていた。この調査では動物飼育者の意識も調べているが、動物病院を選定する際にもっとも重視することとして、獣医師の説明のわかりやすさが28.7%で第1位であった。第2位が自宅からの近さで19.3%、第3位が評判で13.0%、診療費の安さは9.2%で第4位である。こうした伴侶動物医療費の高騰を受け、最近はペットの医療保険を取り扱う会社が増えている。ペット保険専門の会社、損保会社のペット部門、IT系会社のペット保険部門などが取り扱っている。多くの場合、飼い主が治療費の全額をいったん病院に支払い、後日保険金を保険会社に請求するシステムであるが、最近は保険会社と動物病院が提携し、飼い主は病院窓口で保険料を差し引いた自己負担額のみを支払えばよいというシステムが普及し始めている。

　さて、いくつかのペット保険会社が毎年ペット名のランキングを発表している。ちょっと寄り道して、近年のトップ3を見てみよう。犬の場合、A社

（2020 年）の調査では雄がソラ、レオ、コタロウ、雌はココ、モモ、ハナ、B社（2018 年）では雄がレオ、マロン、チョコ、雌がココ、モモ、モカがベスト3である。一方、猫では、A社では雄がレオ、ソラ、マル、雌がモモ、ムギ、ココ、B社では雄がレオ、マロン、ソラ、雌がキナコ、モモ、ココがベスト3であった。犬猫を問わず、雄ではソラとレオが、雌ではココとモモが昨今の流行のようだ。昔の犬の名前の定番であったポチ、シロ、クロ、猫の定番タマ、トラ、ミケはどこへ行ってしまったのだろう。現在、飼育されている犬や猫のほとんどが純粋種で、いわゆる雑種犬や日本猫には昨今なかなかお目にかかれない。かつて定番であった名前は、雑種犬や日本猫とともに消えてしまったのであろう。人と同様、ペットもその名前は世情につれて変遷する。そういえば、私が幼いころ、祖父が某所から雑種犬を譲り受け飼い始めた。比較的毛が長い白と黒のぶち模様の中型犬であった。当時流行していた日本スピッツの血が入っていたらしく、さかんにキャンキャンと吠えていたことをよく覚えている。たしか「コロ」という名前であったが、コロコロと太っていたわけでもなく、高く澄んだ声でコロコロ鳴いたわけでもなく、しいていえば、目まぐるしくコロコロと動き回る様から連想した名前だったのかもしれない。祖父母はもちろん、父母も亡くなっているので、今となっては名前の由来を知る者は皆無である。

　脱線が過ぎたようだ。諸角に話を戻そう。東京大学での研修生生活が終わった後、葛飾区にある動物病院に就職し、埼玉県三郷市の分院をまかせてもらった。そして5年後に独立し、市内に自身の病院を開業した。もともと学術的なことに興味があった諸角は、開業後しばらくして獣医学関係の学会に積極的に参加するようになり、そのうち、自分が経験した症例について発表するようになった。さらに、学会の口頭発表だけでは苦労して発表したものがその場限りで消えてしまうので、症例報告として学術雑誌に発表するようになった。もちろん、学術的な論文は最初から書けるわけではない。草稿を前述の佐々木伸雄に添削してもらい、さまざまな学術誌に投稿し、採用してもらえるようになった。当時の代表作は「Immune-mediated polymyositis in a dog（犬の免疫介在性多発性筋炎の一症例）」と「Computed tomography and magnetic resonance findings of meningeal syndrome in a leukemic cat（髄膜症候群を示した白血病猫のCT および MRI 所見）」の2報で、英語の論文としてそれぞれ 1991 年

46

と 1993 年の Journal of Veterinary Medical Sciences（日本獣医学雑誌）に掲載された。こうした訓練が実を結び、自力でも症例報告論文が書けるようになり、さまざまな学術雑誌に論文を投稿していった。また、あるとき、帯広畜産大学の恩師、廣瀬からオランダで開催される国際獣医放射線学会に誘われた。初めての海外旅行である。学会はアイントフォーフェンという田舎町の小さなホテルを借り切って開催され、期間中は有名な海外の研究者とずっと一緒に過ごすというアットホームな学会であった。英会話にはまったく縁がない生活をしていたにもかかわらず、身振り手振りで会話しながら楽しい 1 週間を過ごした。3 年後にアメリカで開催された次回の国際獣医放射線学会では、猫の髄膜白血病の MRI 所見について初めてのポスター発表をした。海外学会デビューである。その後、イスラエルの学会では初めて英語での口頭発表もした。ウィーンの学会では、なんと主催者が諸角のポスターを写真に撮って会場に大写しにし、質疑応答をすることになった。案の定、英語でのやたらに長い質問があり、途中まで一生懸命聞いていたのだが、最後のほうはわからなくなってしまった。同行していた日本人のアメリカ大学教員に通訳してもらい、なんとか無事に答えることができた。今となってはなつかしい想い出であるが、そのときはまったくもって冷や汗ものだった。この感覚はよくわかる。たしかにだんだんと頭が固まってきて英語が入らなくなる。私なんぞは今でもそうだ。こうした国内外での学術活動が認められ、諸角は卒業してから 14 年目の秋に、非常勤講師として母校、帯広畜産大学の教壇に立つことになった。伴侶動物獣医師の日々の診療や、これまで経験した症例について講義をした。その後も毎年秋に講義に行くようになり、ついには「臨床指導教授」という称号も授与された。この授業は、その後 2017 年まで 27 年間続いた。最後の講義が終わった後、学長室に招かれ感謝状を授与されたそうだ。

獣医師を目指す中高生、獣医大学学生へ──諸角からのメッセージ

　人はどこかで必ず人生の道案内をしてくれるお地蔵さんのような人と出会います。学生時代の友人や先輩、大学の先生など、人生の師となる人はたくさんいます。私にもたくさんのお地蔵さんがいました。その人たちが自分を支えてくれていたことにずっと感謝しています。そして今度は私がだれかのお地蔵さんになれれば、それが恩返しだと思っています。君たちの人生はこれからです。

お地蔵さんのような人と出会い、その人に憧れ、尊敬し、考え方や行動を真似るとよいと思います。お地蔵さんを見つけるコツは……人との出会いを大切にすることです。

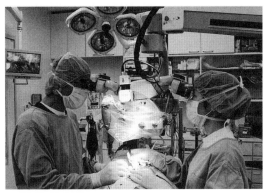

顕微鏡手術中の諸角（左）。

　中学生、高校生の皆さんへ　　勉強だけできても人間的な魅力がないと動物だって人だってなついてくれません。人間的な魅力を身につけるための道草は大いにけっこう。ただ、獣医師になるという志を果たすための道をはずれないようにしてください。

　獣医大学生の皆さんへ　　獣医師免許を取得すると同時に職業が保障される君たちは、今の社会ではエリート予備軍です。君たちには、社会における真のエリートになるために、つねに襟を正しながら努力してほしいと思います。いかなる努力もすべて自分のためであるということを忘れないように。

　獣医師としてスタートを切ったばかりの皆さんへ　　動物を自分の犬や猫だと思ってやさしくすること。このことは、私の病院のスタッフにもずっと言い続けています。飼い主さんは自分の宝物を病院に連れてきています。また、犬や猫は動物病院という日常とはまったく異なる環境に戸惑い、恐怖を募らせています。こわがらせないようにやさしく接してください。

6 エキゾチック動物の病気を治す
── 三輪恭嗣（みわ・やすつぐ）

　上山春男は駒込駅東口の改札を出てすぐ右に曲がり、小さな商店街を足早に歩いていた。肩にかけたバッグのなかからは、ハンカチに包まれた羽も生えそろわないヒヨドリの幼鳥の蠢きが感じられる。3日前の夕刻、会社近くの多摩川にかかる橋を渡っていたときに、地面で動く小さな黒いかたまりが目に入った。近づいてみると生まれたばかりの鳥の雛であった。小学校のときに日本野鳥の会に入会し、探鳥歴50年を誇る上山にはこれがヒヨドリの幼鳥だとひと目でわかった。最近、会社を設立し経営に忙しく、なかなか探鳥にも出かけられなかったが、長年培った野鳥を観察する勘はまだまだ健在だ。なぜ橋の上にヒヨドリの雛が落ちているのか、不思議に思いながら拾い上げ、全身を触ってみたところ、片方の羽が折れているらしいことに気づいた。雛を家に連れ帰った上山は、大学で動物病院長をしている知人に電話で相談し、野鳥を診てくれる動物病院を紹介してもらった。程なく見えてきた不動産屋の角を右に折れ、目に入った水色のビルが「みわエキゾチック動物病院」だった。事前に調べた「みわエキゾチック動物病院」のウェブサイトには、病院長・三輪恭嗣の挨拶が掲載されていた。

　三輪恭嗣は宮崎大学農学部獣医学科を卒業後、獣医師国家試験に合格し、東京大学附属動物医療センターに2年間研修医として勤務した。そのころ、機会があって、アメリカの獣医大学に獣医外科治療の見学に行ったという。そこで初めて、「エキゾチック動物科」という診療科目を知った。当時、日本ではエキゾチック動物の診療ができる獣医師はほとんどいなかった。大学の授業科目にもなく、国家試験でも出題されない分野であった。そもそも「エキゾチック動物（exotic animals）」とはなんであろうか。じつは、エキゾチック動物の明確な定義はない。一般的には「犬、猫以外の哺乳類、爬虫類、両生類および鳥類」とされている。したがって、エキゾチック動物専門の動物病院とは、おもにこれらの動物の診療を行う病院である。「みわエキゾチック動物病院」には、

ウサギ、フェレット、ハリネズミ、トカゲ、ヘビ、カメ、カエル、インコなど
を連れた飼い主がひっきりなしに訪れる。後述するが、三輪の病院を受診する
エキゾチック動物の数はこの10年間でずいぶんと増えている。三輪が東京大
学で研修医をしていたころも、エキゾチック動物を飼育する者はかなりいた。
もちろん小鳥類を飼う人は昔から多かった。

　高度成長期にジュウシマツやカナリヤを飼っていたという年配の方も多いの
ではなかろうか。ジュウシマツはカエデチョウの仲間の小鳥で、コシジロキン
パラ（*Lonchura striata*）を改良してつくりだした飼い鳥である。ジュウシマ
ツの野生種は存在しない。かくいう私も子どものころ、父親がジュウシマツを
飼っていた。ときどき鳥かごの掃除を手伝ったことを覚えている。カナリア
（*Serinus canaria*）はカナリア諸島などに生息する原種を改良して作出された
飼い鳥で、きれいな羽色と美しいさえずりを愛でる。私が子どものころ、カナ
リアを飼っている家は裕福というイメージがあり、カナリアは一種のステータ
スシンボルであった。テレビドラマなどで、大理石の床と壁の大きな部屋のな
かでヒラヒラのついた豪華な衣装を着たお嬢様がピアノを弾き、その横にはカ
ナリアを入れた鳥かごがある、という場面が映し出されていた。また、カナリ
アは毒物に敏感であることから、毒ガスの検知に利用されている。1995年3
月、富士山麓、上九一色村にあったオウム真理教の毒ガス・サリン製造施設を
警察が強制捜査する際に、防毒マスクをかぶった警察官がカナリアが入ったか
ごを持って工場内に入っていった場面をテレビが繰り返し放映していた。

　三輪が研修医のころ、獣医大学でエキゾチック動物の臨床教育はまったくさ
れておらず、エキゾチック動物が来院した場合、獣医師は自分で海外の資料を
集め勉強するしか対応方法はなかった。「当然、飼い主さんから不満の声が多
くありましたし、知識がないためにまちがった診療をしてしまう獣医師もいま
した」と三輪はいう。「そういった現状を目の当たりにし、多くの動物の命を
救うためにも、そして飼い主さんの獣医師への信頼を裏切らないためにも、エ
キゾチック動物をしっかりと診察できる獣医師が必要だと感じたのです」。ち
ょうどそのころ、東京大学附属動物医療センターにエキゾチック動物科を設け
るという話があり、獣医外科学研究室の佐々木伸雄教授（現・名誉教授）に誘
われた。これがきっかけとなり、三輪は本格的にエキゾチック動物の診療を始
めた。現在、三輪は「日本エキゾチック動物医療センター」（2020年6月に

「みわエキゾチック動物病院」から改称したが、本章では旧称を用いている）
での診療と経営に携わり、同時に週2回東京大学附属動物医療センターでエキ
ゾチック動物診療科の特任教員として、診療、教育、研究に従事している。

　獣医大学に入学した学生に、「なぜ獣医師になろうと思ったか」という質問
をすると、多くの学生が「子どものころから動物が好きだったから」と答える。
獣医師などの動物と直接関わる仕事を続けていくには、「動物好き」が前提条
件なのかもしれない。三輪も子どものころから動物が好きだった。通常、子ど
もが動物を飼いたいと思っても、親はいろいろな理由をつけて反対することが
多い。親も動物好きでなければ、なかなか動物を飼うことはできない。「わが
家の場合、むしろ両親が動物を飼うことを勧めてくれました」と三輪は語る。
実際、虫も含めいろいろな動物を飼ったそうだ。小学校高学年のころに家を改
修したが、その際に鳥小屋をつくってもらった。インコやウズラなどを飼育し、
さらに掛け合わせを工夫して繁殖し、増えた鳥を近くのペットショップで販売
してもらったという。学校で飼育していたハトの世話も積極的に行った。図書
館に通って動物に関連する本を読み漁り、知識を身につけていった。当時、イ
ンターネットなどはまだ存在せず、知識は、関連分野の本をたくさん読んで身
につけるしか方法がなかったのである。三輪は、そのうち同級生、先輩・後輩、
学校の先生、親戚、商店街のおじさん・おばさんから「動物博士」と呼ばれる
ようになった。両親にはオール5をとったら、ゾウを買ってやるとまでいわれ
たとか。残念ながら音楽だけはいつも4だったそうで、ご両親はさぞホッとさ
れたことだろう。飼っていた動物が病気になると近所の動物病院に連れていっ
たが、当時、動物病院の獣医師のほとんどは犬と猫しか診ることができず、鳥
や爬虫類などを連れていく三輪少年はいつも落胆したに違いない。いつか自分
が獣医師になって、いろいろな動物の病気を治したいと思うようになった。ま
っとうな獣医師予備軍である。やれ漫画家になりたいだとか、それ小説家だと
か考えていた動機不純の獣医師である私は、こういう初志貫徹の獣医師を心か
ら偉いなあと思う。足を向けて寝られない。

　さて、大学の農学部獣医学科に入学した三輪は、獣医師になるための勉強を
始めたが、子どものときからの動物好きがさらに高じ、アパートの部屋でいろ
いろな種類の動物を20匹近く飼っていたそうである。動物大好き人間の飼育
能力にはいつも恐れ入る。多数の動物の餌やり、床敷き交換、ケージの掃除な

ど、いとも簡単にかつ効率よくこなす。ものぐさの私は、昔飼っていたドジョウ（家の近くの田んぼで捕まえてきたもの）の水交換でさえめんどうで、なるべく交換が少なくすむ方法を求めて、あれやこれやと調べてみたものだ。けっきょく、語学の習得と同じで「ドジョウの水交換に王道はない」ことが明らかになった。大学を卒業し、獣医師国家試験にも無事合格、晴れて獣医師になった三輪は、東京大学附属動物医療センターで研修医として働き始めた。そのころ、三輪は獣医外科学に興味があり、将来は外科専門の獣医師になろうと考えていた。そんな矢先、アメリカの獣医大学で教員をしている日本人獣医師と話をする機会があった。そして、アメリカではエキゾチック動物の飼育が人気で、これらの動物を専門に扱う獣医師が増えていることを知った。子どものころからさまざまな動物に興味を抱き飼育してきた三輪は、この話を聞いて居ても立ってもいられなくなり、ウィスコンシン大学獣医学部に３カ月間、エキゾチック動物臨床の研修に行くことを即決した。

　短期間の研修にせよ、長期の留学にせよ、語学はとても重要である。現地の人とのコミュニケーションにより生活範囲が格段に広がる。いまどきは、学術や研究分野におけるコミュニケーション・ツールはなんといっても英語である。世界中どこであろうと、学術分野での共通語として英語の学習は必須である。三輪は学生時代に、オーストラリアのメルボルン大学、タイのチュラロンコン大学に短期留学している。メルボルン大学はもちろんのこと、チュラロンコン大学でも獣医学部の授業は英語で行われており、獣医学で用いられる学術用語の英語を理解する必要に迫られた。クラシックな方法であるが、獣医学術用語の日英単語帳をつくり、必死になって覚えたという。前述したように、「ドジョウの水交換」と同じく英語の習得に王道はない。とにかく、たくさん読み、たくさん聞き、たくさん書いて、たくさん話すしかない。単語しかり、たくさん覚えて、たくさん使ってみるしか、上達の道はないのである。努力の甲斐があって、三輪は英語での授業についていけるようになった。そして、この学生時代の経験が、アメリカでエキゾチック動物の臨床研修を行うことを即決した三輪の背中をさらに押した。

　当時はアメリカでもエキゾチック動物の臨床はめずらしかった。獣医大学でも、エキゾチック動物、動物園動物、野生動物に関してはひとつの科目として一緒に教えられていたという。必修科目としてエキゾチック動物学を教えてい

た大学もほとんどなかった。ところが、エキゾチック動物、動物園動物、野生動物の実際の診療については、当時から世界的な獣医師ネットワークがあり、インターネットを介して疑問点を尋ねると、診療経験がある獣医師からたちどころに対応方法が寄せられる。三輪も、ゾウの足の病気の治し方、セイウチの牙の抜歯法など、アメリカ滞在中はこの情報ネットワークから多くの知識を得ることができた。現在でもたびたび世話になっているそうだ。ウィスコンシン大学で学生実習の手伝いをしたときのこと、主治医である教員が飼い主に動物の状態を尋ねる場面で、学生が床に座り込んでガムを嚙みながらメモをとっていた。これには三輪も大いに驚いた。いくら自由の国といえ、飼い主を目の前にして実習生が座り込んで、それもガムを嚙みながらメモをとっているなんて、とても信じられない。それに加えて、教員も学生に注意しない。まったくもってどうなっているんだ、この国は。一方で、昔ながらの礼儀を重んじる教員もいる。学生が実習中にガムを嚙んだり、座り込んだりすることを禁止する科目もあったそうだ。ともあれ、アメリカという国はいろいろな価値観を持った国民の集合体であることはたしかである。

　帰国後、三輪の心のなかではエキゾチック動物を扱う動物病院を開きたいという思いがますます大きくなっていった。東京大学の附属動物医療センターでときどき来院するエキゾチック動物の診療を担当させてもらい、週末はウサギを専門とする動物病院で経験を積んだ。東京大学附属動物医療センターでエキゾチック動物の症例がだんだんと増え始めたため、大学に程近い駒込で週3日、エキゾチック動物の診療を始めることにした。当時、日本には小鳥の専門病院、ウサギの専門病院はあったが、その他のエキゾチック動物については専門に診療する病院が皆無であった。しばらくして、駒込に本格的にエキゾチック動物専門の病院を開院し、さらに、東京大学附属動物医療センターにもエキゾチック動物診療科を立ち上げた。その後、三輪の予想に違わず、エキゾチック動物の症例数は年々増加し、現在は駒込の病院で年間約2700件を超える来院動物がいる。

　エキゾチック動物の診療では、動物に怖がられないことがとくに大事だと三輪はいう。もともと野生動物として自由気ままに生きていたエキゾチック動物は、人に慣れにくい。獣医師を敵と思い恐れてしまうと、適切な診療ができなくなる。ハリネズミが丸まってしまうとお腹の診察ができない。かといって無

理に伸ばすわけにもいかない。飼い主さんがつねに動物に触れていると、動物
も慣れて、獣医師の前でも触られるのをいやがらない。動物でも人でも、なに
ごとも慣れは大事なのである。近年はエキゾチック動物を飼育する人が増えて
きたが、犬や猫に比べるとまだまだ少ない。エキゾチック動物を専門とする獣
医師ももちろん少ない。エキゾチック動物に関する獣医学的情報も不十分であ
る。三輪ほど経験豊富なエキゾチック動物専門の獣医師でさえ知らないことば
かり。毎日、なにがくるかわからない。いろいろと調べなければ対応できない
が、それがおもしろい。調べて新しい知識を得ることをおもしろがらねばなら
ない。

　ホホ（頬）袋が反転して口から脱出しもとに戻らなくなったハムスター、太
りすぎて丸くなることができなくなったハリネズミ、本来社会的な動物なのに
単独で飼育されたためストレスで自分を傷つけるフクロモモンガ、母親に育児
放棄されたライオンの子ども、同じ水槽で飼育されていた棘のある魚を呑み込
んで口にはさまってしまったウーパールーパー（メキシコサラマンダー）、11
階のベランダから落下し甲羅が割れてしまったカメ、鼻の先にカビが生えてし
まったヤドクガエル、足がとれてしまったカニなどなど、興味は尽きない。こ
のような症例に関する事項は、もちろん獣医学の教科書には載っておらず、世
界中の文献を調べまくり、またエキゾチック動物専門獣医師のネットワークを
利用して情報を得て、試行錯誤を繰り返して診断し、治療しなければならない。
アメリカでは、なんと、ゴキブリまでもがペットになっているという。マダガ
スカルオオゴキブリ（*Gromphadorrhina portentosa*）という体長が 7 cm にも
なる大型のゴキブリで、病気になって動物病院に連れてこられることがたまに
あるそうだ。表面に寄生したダニを歯ブラシを使ってとり、薬を塗って治療す
るとのことである。さすがに、「みわエキゾチック動物病院」にこれまでゴキ
ブリの症例はきていない。また、爬虫類と両生類は死の判定がむずかしいらし
い。獣医師の治療かなわず動かなくなったので、死んだと思い飼い主に返した
ところ、土に埋める寸前にまた動き出したという話をよく聞く。こうした獣医
師泣かせの症例にもきちんと対応しなければならない。

　2006 年 11 月から 2020 年 5 月までの 13 年 7 カ月間に「みわエキゾチック動
物病院」に来院したエキゾチック動物は、なんと合計 2 万 3568 匹である。
2007 年に 898 匹であった 1 年間の来院動物数は 2019 年には 2728 匹となり、

ほぼ3倍に増えた。2019年に来院した哺乳類の内訳は、ウサギが圧倒的に多く480匹、次いでハリネズミ221匹、ジャンガリアンハムスター166匹、フェレット165匹、デグー160匹、モルモット126匹と続く。その他にもチンチラ、リチャードソンジリスなどの哺乳類、トカゲ類、カメ類、ヘビ類などの爬虫類、ウーパールーパー、カエル類などの両生類、インコ類などの鳥類が来院する。この期間における来院動物数の年次推移を見ると、ハリネズミとデグーが著増、ウサギ、ハムスター類、モルモットは増加、フェレットとリチャードソンジリスは横ばい、プレーリードッグは著減であった。プレーリードッグはペストや野兎病などの人獣共通感染症を媒介するおそれがあることから、2003年に輸入禁止になった。飼育数の減少はこのためと思われる。来院動物のうち、病理検査によって腫瘍(がん)と診断されたものの割合(発生率)は、リチャードソンジリス21.8%、プレーリードッグ15.3%、スナネズミ9.9%、ラット9.8%、モルモット8.7%で、ジャンガリアンハムスター8.3%、ゴールデンハムスター7.7%、キャンベルハムスター5.9%のハムスター類がこれに続く。獣医学の進歩によりエキゾチック動物の寿命も延長し、その結果、がんの発症が増加している。エキゾチック動物では、皮膚のがん、乳がん、唾液腺がんなどが多い。飼い主がすぐに気がつくがん病変、すなわち皮膚や乳腺など体の表面に生じるがんで来院する動物が多い。

　さて、ここで上山春男のヒヨドリに話を戻そう。「みわエキゾチック動物病院」で診てもらったところ、X線撮影でやはり羽の骨折が見つかった。骨折箇所を修復固定してもらい、家に連れて帰って、すり身の餌を与えて育てたところ羽ばたくことができるようになった。「ヒヨちゃん」という名前までつけられ、まるで家族のように世話をする上山にすっかり慣れたという。ヒヨドリだから「ヒヨちゃん」という名前のつけ方はいかにも安易である。上山には怒られるかもしれないが、まあ、拾った野鳥の名前なんてこんなものだろう。もちろん、家族同様に飼われている動物たちのなかには凝った名前も見受けられる。ちなみに、「みわエキゾチック動物病院」に来院した動物の名前について調べたところ(ひまな人がいる!)、ウサギはモモ、ミミ、モカ、マロン、モコで、雰囲気や毛色からつけられたと思われる。ハリネズミは、ハリーがトップ、ウニ、タワシ、マロンと続くが、これらはハリネズミの見た目からつけたのであろう。さらに、フェレットは、モモ、チョコ、ポンタ、クウ、モカの順

であった。

　さて、ヒヨドリとしては定番中の定番の名前と思われるヒヨちゃんは、程なく家の周辺を飛び回ることができるようになった。昼間は外を飛び回り、日が落ちると室内に戻るという生活がしばらく続いたそうだ。そのうちヒヨドリの友だちができたらしく、朝早く近くの電線でヒヨちゃんを待っているようになった。ヒヨちゃんは、昼間は友だちと遊んでいても夕方になると必ず戻ってきていたが、そのうち戻らなくなった。それ以来、上山の表情は硬く、ため息ばかり、落胆ここに極まれりといった状態であった。野生動物や野鳥の飼育にのめり込み過ぎると、野生復帰の際の落胆（アニマル・ロス）が強くなってしまう。ほどほどにということなのだろう。ちなみに、「みわエキゾチック動物病院」では、感染症予防のため原則として野生動物、野鳥の診療は断っている。上山のヒヨちゃんは例外中の例外であったことを付け加えておく。

獣医師を目指す中高生、獣医大学学生へ──三輪からのメッセージ

　エキゾチック動物獣医療とは、ウサギやモルモットなどの犬や猫以外の哺乳動物、小鳥、カメなどいろいろな種類の動物を診察する獣医療です。獣医療は眼科、皮膚科、血液内科、整形外科など細分化されてきていますが、エキゾチック動物診療科もそのなかのひとつととらえられがちです。「カメ」を例にあげると、人や犬猫と同様、呼吸器感染症、腫瘍、難産、骨折などさまざまな病気にかかります。しかし、同じ「カメ」の仲間でもリクガメからウミガメまでさまざまな種があり、住んでいる場所や食べているものがまったく異なります。また、それぞれの種が異なった解剖学的、生理学的な特徴を持っています。エキゾチック動物を診療対象とする場合、犬猫以上にさまざまな知識や経験が必要になります。動物をちゃんと診察する際にもっとも必要なのは、やはり「動物が好き」ということではないでしょうか。幸い、私は子どものころから動物が好きというか、動物にしか興味がなく、好きなことにどっぷりつかってきた結果、今がある、と考えています。

　現在、あちこちで話題の「多様性」ですが、その最たるものが動物界にあるのではないでしょうか。私がエキゾチック動物分野を専門にしたころ、この分野は獣医療のなかでもかなりニッチな部分でした。しかし、現在では、エキゾチック動物の獣医学はさまざまな動物種を比較検討するという獣医学の本質で

56

フェレットを抱く三輪。「日本エキゾチック動物
医療センター」で。

あり、多様性や未知の知見の宝庫で
す。そこで得られた知識は獣医学以
外の分野にも応用できる可能性があ
ると思っています。

この本を手にとられた皆さんは、
獣医学あるいは獣医師に興味を持っ
ている方だと思います。獣医師の職
域は多様です。当初は「犬や猫のお
医者さん」になることを目標として
いた獣医学生が、卒業後にまったく
別の職域で活躍するという事例もた
くさんあります。獣医学の可能性と
して、エキゾチック動物分野のよう
に現時点では私たちがまだその重要
性や需要に気づいていない分野があ

るかもしれません。私自身は好きなことをやってきただけでした。ぜひ、自分
の好きなこと、興味のあることを見つけて、それに集中する時期を持ってくだ
さい。そうすれば、さまざまな世界が見えてくると思います。

7 野生動物を救護する
—— 黒沢信道（くろさわ・のぶみち）

　黒沢信道は、北海道東部（道東）のNOSAIに所属する獣医師であった。NOSAIとは、第4章で述べた農業共済組合の愛称である。農家が掛金を出し合い共同財産を積み立て、災害を受けた際にその共同の財産から共済金を受け取るという農業共済事業を実施する機関である。要するに互助保険会社で、国からの補助がある。農業共済事業には家畜共済も含まれる。家畜共済は農家が飼育する牛、豚、馬を対象とする共済制度で、死亡や廃用となった家畜を補償する、あるいは病気や怪我の診療費を補償する。家畜の多い地域ではそれぞれの共済組合が診療所を設置し、獣医師を雇用して家畜の診療を行っている。黒沢もNOSAIの獣医師として、毎日小型車に薬品や医療具を満載し、広大な道東の大地を走り回っていた。「いた」と過去形にしたのは、黒沢はつい先年NOSAIを退職し、今は釧路の農業協同組合（農協・JA）で酪農アドバイザーを務めているからである。ちなみに、農協は組合員である農業者の互助組織であり、農業生産物の保険に特化したNOSAIとは別組織である。似たような名称の組織がいろいろあってややこしい。さて、道東で飼育されている家畜といえば、とにかく乳牛なので、NOSAI診療所の対象もほとんどが乳牛である。

　NOSAIの診療所に所属する獣医師の1日を大まかに述べてみたい。通常は、朝8時ごろに出勤し、酪農家からの診療依頼を受けて、往診の割り振りを決める。往診の内容にしたがって器具や薬を準備し車で農家へ向かう。1日数件から多いときには10件程度の往診をこなす。乳牛の疾患は、乳房炎、ケトーシスなど牛乳の生産に関わる病気が多い。難産も多く、分娩の介助も牛の獣医師に求められる重要なスキルである。農家では、診断を確定するために病牛からさまざまなサンプルを採取する。夏期の放牧期間中は、さまざまな寄生虫病、ウイルス性・細菌性感染症、植物中毒なども考慮する。また、予防接種や人工授精を行う場合もある。午後に診療所へ戻り、動物から採取した血液、細菌、糞便などのサンプルについて各種の検査を行う。最近では第四胃変位（4つめ

58

の胃の位置が変わる病気）などの外科手術も毎日のようにある。カルテを作成し、明日の準備をして、夕刻に帰宅する。黒沢も NOSAI の獣医師として、このような生活を長年続けてきたが、加えて野生動物の救護という活動も一貫して行ってきた。道東という場所は、この活動にうってつけの場所であるといえよう。

　黒沢は子どものころから野鳥が大好きだった。父親がハンターだったこともあり、もの心ついたころから家でキジなどの野鳥を飼っていた。そのうち自分でもジュウシマツ、ウズラ、軍鶏などを手に入れて飼育するようになった。ヒバリの雛、メジロ、ヤマガラなどの野鳥も持ち込まれ、試行錯誤しながらもじょうずに育てられるようになった。高校生のころには身のまわりに鳥が絶えることがなく、朝食前の世話が習慣になっていた。そのころから「鳥類学者になりたい」と考えるようになったという。高校の友人がそのころ流行り出したバードウォッチングを始めたが、黒沢は「軟弱な趣味」と思っていた。大学入学後、知り合いに勧められ、野生生物の観察サークルに入部した。誘われるままに日本各地へ探鳥旅行に出かけ、だんだんと探鳥の楽しさにはまっていった。あくまで「探鳥」で、「バードウォッチング」などという軟弱なものではない、と思っていたのであるが。「探鳥」の趣味が高じ、休暇中に道東の野鳥観測ステーションに住み込み、バンディング（野鳥を捕獲して足輪をつけ、渡りルートの解明などに役立てること）を手伝うようになる。大学２年生の後期に専門課程への進学が決まるが、この時点で黒沢の希望進学先は理学部生物学科であった。鳥類の研究ができると思っていた。ところが、生物学科に進学した先輩に「今の生物学科には生きものの形はない」といわれ困惑した。当時は分子生物学の隆盛初期にあたり、生物学科では試験管レベルの生物学が勢いを増していた。いろいろ調べたところ、当時としては数少ない野鳥研究者であった農学部林学科森林動物学研究室の樋口広芳氏（当時は東京大学助手、教授を経て、現・東京大学名誉教授）が野鳥の生態に関する自主ゼミを開催していることを知り、参加してみた。ゼミの内容は心躍るものであったが、当時の森林動物学研究室の主たる研究対象はネズミ類、カミキリ類などの有害動物であり、鳥、それも生態に関する研究は肩身が狭いと推察された。大いに悩んだが、北海道、それも酪農がさかんな道東への探鳥旅行を繰り返すうち、自然豊かな道東に牛の獣医師として住みたいという希望が芽生えてきた。けっきょく進学先は、当

初の希望を変更して農学部の「畜産獣医学科」にした。「鳥は趣味、仕事は獣
医師」と割り切ったという。

　黒沢の実家は埼玉県熊谷市である。大学の 4 年間、下宿はせずに通い続けた。
片道 2 時間もかかる通学である。えらい。毎日上野駅で下車し、大学キャンパ
スまで不忍池のほとりを歩いて通った。10 月下旬、秋が深まると不忍池には
カモなど多くの渡り鳥がやってくる。冬の間、黒沢は大好きな野鳥観察を毎朝
やっていたわけである。ちなみに、下校時は日が暮れているので鳥は見えない。
さらに週末になると、「探鳥会」と称し、朝早くから東京近辺の山、海、田ん
ぼ、畑に繰り出し、さまざまな種類の野鳥を見て歩いた。黒沢はいやがるかも
しれないが、まさしく「バードウォッチング」である。毎週末、熊谷からこれ
らの探鳥地に行くのはさぞたいへんだったに違いない。またしても、えらい。

　大学を卒業後、獣医師国家試験に合格し、釧路地区 NOSAI に就職した。学生
時代に実習で世話になった浜中支所浜中家畜診療所に赴任し、乳牛の診療に明
け暮れるようになる。黒沢が道東を就職先として選んだ理由はふたつある。ひ
とつは日本屈指の酪農地域で牛の臨床を極めたいということ、もうひとつは野
鳥の天国、道東でゆっくりと大好きな探鳥を楽しみたいということである。た
しかに道東はバードウォッチャーの聖地である。1 年中観察できる留鳥、季節
ごとにやってくる渡り鳥など、たくさんの種類の野鳥を観察できる。道東でな
ければ見られない鳥も多い。バードウォッチングを趣味とする者にとって、道
東に住むことは至福の人生を約束されたに等しい。それほど価値があることな
のである。そして、黒沢は、ここ道東で牛の獣医師として活躍するかたわら、
野鳥を含む野生動物の救護にも関わっていくことになる。

　当初は「憧れの北海道で暮らすための手段」と考えて選択した牛の獣医師だ
ったが、そのうち酪農家相手の仕事が「性に合っている」と感じるようになり、
けっきょく定年近くまで都合 38 年間勤務した。診療の現場では農家からの聞
き取りが重要で、「いつから具合が悪いか」「気になっていることはあるか」
「餌はなにか」「食べ方はどうか」など、飼い主から聞き取った内容が診断の重
要な手がかりになる。黒沢は人と話すことが得意ではなかったが、だんだんと
農家の人たちとの会話が楽しくなってきた。東京に帰って同級生と会ったら、
「お前、すっかり北海道の言葉になっているな」といわれたそうだ。知らず知
らずに北海道弁が身についたらしい。さらに、農家への往診の途中、四季折々

の北海道の景色が楽しめ、季節ごとに移り変わる野鳥の姿も見られた。真冬には吹雪のために車ごと立ち往生したこともあったが、それも貴重な体験であった。仕事は楽しかったが、たった一人で急患対応も通常診療もこなさなければならない週末があった。朝早く往診に出て、朝食を食べに家に帰り、午前の診療をして昼食を食べに帰り、午後の診療をして夕食を食べに帰り、また夜の急患に呼ばれるということもあった。勤務後、夜間にもう往診はこないだろうと風呂に入ると電話が鳴り、帰って風呂に入り直すとまた電話が鳴り、という日もあった。難産の牛と格闘しながらラジオから流れる除夜の鐘を聞いた年もある。NOSAI に在籍している間、管内 6 カ所の診療所勤務を経験したが、転勤のたびに農家の人たちが送別会を開いてくれた。ひとりひとり挨拶にきて「あのときは、うまく牛を助けてもらってほんとうに助かったよ」と感謝の言葉をかけてくれた。まさに獣医師冥利に尽きる瞬間であったが、自分ではむしろ失敗した診療のほうが記憶に残っている。牛の診療は農家との信頼関係があってのものだとつくづく感じたそうだ。また、道東は酪農のメッカなので獣医師の数も多く、自主的な勉強会がしばしば開かれていた。勉強会の仲間とともに、牛の後大静脈血栓症（CVCT）を国内で初めて見つけて報告した。さらに、乳牛の前十字靭帯断裂症も初めて確認した。この病気は前十字靭帯が断裂することで生じる膝関節の亜脱臼であるが、そのころ牛では膝蓋脱臼と混同されていた。黒沢は同僚とともに病理組織検査や疫学調査までも行い、日本獣医師会の学術集会で発表した。今では、この病気は牛の臨床において普通の診断名になっている。

　牛の獣医師として NOSAI で仕事を始め 5 年ほど経ったころ、独力でシマフクロウの保護活動をしていた根室市の知人から、怪我をしたシマフクロウの手当てを頼まれた。鳥を観察するため道東で生活を始めた黒沢であったが、鳥類についての獣医学的知識と技術はまったくなく、当惑するとともに獣医師としての責務を痛感した。このとき初めて、期せずして野鳥と獣医学が自分のなかでつながり、鳥類の疾病の診断、治療について勉強を始めた。道東での野生動物救護の先駆者として、小清水町 NOSAI の竹田津実獣医師がおり、しばしば指導を仰いだ。同氏は長年個人で野生動物の救護活動を行い、著書も多かった。都会に住んでいるとほとんど考えることもないが、野生動物もさまざまな病気になるし、怪我もする。ウイルス・細菌・寄生虫などの感染症、肉食獣との接

触、そして交通事故など人間との接触による怪我など、つねに危険とととなり合わせなのである。そのような病気の動物や怪我をした動物、すなわち「傷病鳥獣」を人の管理下で保護し、適切な治療を行った後に野生に戻すことを「野生動物救護」という。黒沢の「野生動物救護」活動は徐々に人々に知られるようになり、野生動物の治療依頼や救護についての相談が増え始めた。黒沢は、これらの症例をまとめた「Wildlife Support」という季刊の通信冊子を発行し、動物の救護や治療に関する記事を数多く執筆した。さらに、獣医師を含む道内の有志とともに「野生動物救護研究会」を結成し、情報交換、救護記録の共有、広報などの活動も始めた。初代会長は故・森田正治獣医師で、黒沢は「Wildlife Support」を発展させた「サポート」という会報の編集責任者となった。森田獣医師も乳牛の獣医師として中標津町で活躍するかたわら、「道東野生動物保護センター」を開設し、野生動物の救護を行っていた。森田獣医師は獣医学生のための野生動物救護実習を毎年開催し、寸暇を惜しんで後進の教育に尽力した。この「森田学校」の世話になった学生は1000名近くになるという。私が所属していた大学の学生も毎年お世話になっていた。さて、「野生動物救護研究会」の活動を通じ、黒沢は野生動物救護で苦労している人が想像以上に多いことを知り、情報の共有と技術の向上の必要性をこれまで以上に痛感するようになる。また、同研究会の会報の編集に関わったことで多くの症例報告に接することになり、これらをまとめた『野生動物救護症例集』を2巻発行した。この症例集は救護現場での参考書として今でも重宝されている。

　1997年の冬から春にかけて、釧路および網走でオオワシとオジロワシの斃死体が多数回収された。猛禽類医学研究所代表の齊藤慶輔獣医師らとともに調査したところ、死体からシカ猟に使う鉛のライフル弾が多数見つかり、鉛中毒が死因であることを確認した。1995年の1月から5月にも原因不明のオオワシの死体5例が釧路市動物園に搬入されていたが、これらも鉛中毒であったと推測された。北海道では狩猟で射止められたシカはその場で解体されるが、被弾部位や内臓など一部はそのまま放置され（狩猟残滓）、残った鉛ライフル弾の破片をワシなどの猛禽類が肉とともに食べることで鉛中毒が発生する。黒沢はある学術集会でこの仮説を世界に先駆けて発表した。摂取された鉛は胃液で溶解され、吸収されて全身に分布する。急性の鉛中毒になると、下痢、呼吸困難、貧血および頭部下垂、旋回、痙攣などの神経症状を呈し、衰弱死してしま

う。低濃度の慢性中毒でも生殖機能に悪影響を与えるといわれている。また、発射された鉛散弾が湖や池の底に沈み、それらをガン類、カモ類が水底の砂や小石とともに摂取することによっても鉛中毒が起こる。これは水鳥の鉛中毒として 100 年以上も前にすでに知られていた。鉛中毒は人に発生することもある。昔は化粧品である白粉（おしろい）に鉛が含まれていた。水道管が鉛でつくられていたこともあった。さらには、塗料、ハンダ合金、有鉛ガソリンなどにも鉛が含まれ、知らず知らずのうちに摂取してしまう。鳥類と同様、嘔吐、貧血、疲労感、神経症状を呈する。現在では鉛を含む製品は使わないようになっている。

　こうした状況を受け、黒沢は 1998 年に「ワシ類鉛中毒ネットワーク」を設立し代表に就任した。ワシ類の生息状況調査と鉛中毒の実態解明に加えて、シカ猟の実情と解体残滓放置状況の調査、そして放置残滓の回収、さらには鉛中毒防止に関する広報活動も展開した。当時ほとんど出回っていなかった銅弾など鉛を含まない無害弾への移行について、地元の猟友会との意見交換も行った。この調査の結果、なんと収容されたワシの死亡原因の 73% 以上を鉛中毒が占めていることがわかった。同ネットワークは、同年秋に北海道阿寒町で、「ワシ類の鉛中毒防止に向けて」というワークショップを開催し、このままだと北海道のオオワシの生息数が 50 年後に半減、最悪の場合は絶滅するという結果を報告した。そして、鉛中毒の防止に向けた「阿寒声明」を発表した。これらの動きを受けて、北海道庁は 2000 年度にエゾシカ猟での鉛ライフル弾使用規制を開始し、その後順次強化していった。その結果、2018 年度には北海道内でオオワシとオジロワシの両種合わせて 3 例の鉛中毒死が確認されたが、これは発見された死体のうちのわずか 7% であった。根絶には至っていないものの、規制の効果がおよんだといえよう。黒沢らの地道な努力が実を結んだのだ。一方で、北海道以外ではいまだに鉛ライフル弾の使用は規制されておらず、絶滅危惧種のイヌワシなどで鉛汚染が報告されている。まことに残念である。

　近年、タンカーや貨物船の座礁により海洋に石油類が流出する事故が相次いでいる。石油類の流出は、海や沿岸の汚染ばかりでなく、そこに生息する海生哺乳類や海鳥にも多大な影響をおよぼす。石油が羽毛に付着すると海鳥は水に浮くことができず、体温の維持もできなくなる。また、石油の摂取により消化器、肝臓、腎臓などが傷害される。1997 年 1 月に島根県沖でタンカー沈没事

故が発生し、大量の重油が流出した。救護され治療を受けたウミスズメなどの海鳥が、放鳥のために北海道苫小牧市へ空輸されてきた。このときは残念ながら鳥の状態が悪く放鳥は失敗に終わったが、後続の個体が送られてくることになった。黒沢は志願して、空輸された個体の預り所となった苫小牧市にある日本野鳥の会ウトナイ湖サンクチュアリへ向かった。一人でセンターに泊まり込み、収容個体の治療と看護にあたった。救護ボランティアの数はしだいに増え、活動は1カ月以上にもおよび、受け入れ数は149羽（うち87羽を放鳥）にも上った。

　また、2001年にはエクアドル国ガラパゴス諸島で、タンカーの座礁事故によりバンカー油（重油と軽油の混合物）と軽油の流出事故が発生した。黒沢はこれまでの汚染鳥救護活動が評価され、日本政府の「ガラパゴス諸島生態系保全専門家派遣要請背景調査」の調査団員として現地に派遣された。「ガラパゴス」といえば、最近は「ガラパゴス化」「ガラケー（ガラパゴス携帯電話）」のように進歩に乗り遅れた事象を指す言葉として使われている。実際、ガラパゴス諸島には固有の生物種が多く、進化を論じるうえで特異な環境をかたちづくっていることからの援用であるが、ガラパゴスの人たちにしてみればいい迷惑であろう。じつは、日本の調査団が現地に到着したのは事故発生1カ月後で、全世界から集まった民間の獣医師団はすでに救護活動をほぼ終了していた。ガラパゴス諸島という生物学的に貴重な場所での事故であったことから注目を集めたが、流出したのは時間が経てば揮発するディーゼル油で、流出量も中程度であった。海岸に流れ着いた油は住民が総出で除去したとのことで、黒沢が到着したときには砂浜を掘るとタール様の油の粒がわずかに見つかる程度になっていた。被害が大きかったのは、海岸で暮らすペリカンと砂浜に上がる習性があるアシカだった。ペリカンは真水が豊富でない島では十分に洗浄されず、完全に回復しない鳥が見受けられた。皮膚に油が付着したアシカは、強い日差しを受けて付着部が火傷を呈したものが多かった。一方、ウミイグアナなど汚染された海岸に近い海底の植物を食べている動物への影響はすぐにはわからなかった。黒沢らの調査団の1年後には、海洋生態学の専門家らなる中期調査団の派遣も予定されていた。一方、別の重大な問題も明らかになった。島外から持ち込まれ野生化した山羊が島固有の植物を食い荒らし、植物を主食とするリクイグアナの生存が脅かされる、野生化した犬がゾウガメやウミガメの卵や子ガ

64

メを食べてしまう、外来植物が在来種を脅かす、などなど、ガラパゴスでも人間の活動による生態系の破壊が大きな問題になっていた。甲羅の模様が島ごとに異なるゾウガメも、住民がペットとして飼育しているので一緒に島を移動しているらしく、本来の分布が変化しているようであった。

　道東で獣医師をしていると、いろいろな病気の野生動物が持ち込まれる。さて、今度は特別天然記念物のタンチョウのエピソードである。現在は絶滅危惧種であるが、江戸時代には東京にも生息していたらしい。歌川広重の「名所江戸百景・蓑輪金杉三河しま」と題する一葉に、タンチョウが大きく描かれている。それはともかく、2002 年に北海道女満別町でタンチョウ 2 羽が変死した。黒沢は、解剖を行った釧路市動物園の獣医師と死因の究明を目指したものの、なかなか解明できなかった。そんな矢先、国立環境研究所に分析を依頼していた胃内容物および体組織から高濃度のフェンチオンが検出された。フェンチオンは有機リン系の殺虫剤でハエ、蚊、ノミなどの駆除に使われている。驚いたことに、フェンチオンのLD_{50} は、鳥類では哺乳類に比べ 1/100 であった。鳥類はフェンチオンに対する感受性が非常に高いのである。LD_{50} とは「半数致死量」のことで、摂取すると半数の個体を致死させる毒物の用量のことである。さらに調べたところ、とくに北アメリカで小鳥、水鳥、猛禽類のフェンチオン中毒の事例が多数報告され、すでにフェンチオンの使用を禁止している国も多かった。女満別の事例はフェンチオンをタンチョウが摂取したことで発症したと考えられた。

　時を同じくして、欧米でウエストナイル熱が流行した。ウエストナイル熱はウエストナイルウイルスの感染による伝染病で、人では発熱、全身痛、発疹、リンパ節の腫れなどが見られる。まれに脳炎を呈することもある。わが国では感染症法で四類感染症に指定されているが、今のところ発生はない。しかしながら、流行国での感染機会や輸入愛玩鳥類からの感染などには十分注意しなければならない。哺乳動物では馬が罹患し、家畜伝染病予防法で家畜伝染病（法定伝染病）に指定されている。鳥類はこのウイルスの増幅動物と考えられ、人や馬へは蚊によって媒介される。欧米での流行を受けて、厚生労働省は 2003 年に「ウエストナイル熱媒介蚊対策に関するガイドライン」を発表し、ウエストナイル熱の流行が懸念される場合に蚊の発生防止のため、水系へのフェンチオンなどの殺虫剤の散布を奨励していた。2005 年、黒沢は、一緒に鳥類研究

を行っていた阿寒町在住の渡辺ユキ獣医師と連名で、「ウエストナイル熱媒介蚊対策においてフェンチオン製品の使用を回避すること、およびフェンチオンの鳥類に対する毒性情報を関係諸機関に速やかに周知徹底すること」を要望する意見書を北海道知事と環境省北海道地方環境事務所に提出した。黒沢らの働きかけに呼応し、日本野生動物医学会が厚生労働大臣および環境大臣あてに「ウエストナイル熱媒介蚊対策における殺虫剤フェンチオンの使用回避について」の要望書を提出し、当時の小池百合子環境相が「鳥類への影響を懸念し、フェンチオンの使用実態を調べたい」と述べた。その後、環境省の追加調査により、2001〜2003 年に死体回収され原因不明とされていたタンチョウ 4 羽のうち 3 羽もフェンチオンによる中毒死だった可能性が高いと新聞報道された。さらに、厚生労働省も「フェンチオン製剤の使用に関しては生態系に配慮し慎重を期すように」という通達を関係行政機関に発出した。

　黒沢の野生動物救護に関する活動のうち、主なものを列挙したが、なかなかどうして獅子奮迅の大活躍である。とはいうものの、黒沢の本職はあくまで牛の獣医師である。近年、乳牛では多頭飼育化にともない、疾病症例が増え続けている。獣医師が躍起になって治療しても病気はなかなか減らない。多頭化飼育では、やはり疾病の予防が経営上非常に重要となる。黒沢は、このような最近の牛の飼育環境を鑑み、別の角度から牛の疾病を予防し健康飼育に寄与できないかと考え、本章の冒頭で述べたように定年を前に NOSAI を副参事で退職、くしろ丹頂農業協同組合営農部デイリーアドバイザーに転職した。新しい職場では、酪農家を巡回して、子牛から親牛まで、搾乳牛はもちろん乾乳牛の状態も確認しながら、疾病予防や適正な飼養管理についてアドバイスすることを仕事としている。NOSAI と農協の違いについては冒頭でも少々説明したが、あらためてインターネットで調べてみた。NOSAI は、農業災害補償法にもとづいて運営され、地区内の農家を組合員として、不慮の災害で農家が被った農作物・家畜・果樹などの損害を加入農家と国が負担する共済掛金によって補塡する共済組合組織、一方、農協は、農業協同組合法にもとづいて運営され、農業関連事項ばかりでなく日常生活にわたるまで多方面の事業を行う協同組合組織である。地域の酪農家は、ほとんどが両方の組合員になっている。黒沢は、定年を前に NOSAI から農協へ転身したことになる。

　「鳥は趣味、仕事は獣医師」と割り切り、道東で乳牛の獣医師への道を選択

した黒沢であったが、ボランティアで始めた野生動物と野鳥の救護活動のほう
が社会的にはより評価されたようだ。後者の活動で数多くの賞を受賞している。
しかし、野生動物の保護に関しては、救護活動よりもむしろ生息地の自然環境
保全が重要であるという考えから、黒沢は地域の自然環境保護活動にも取り組
んできた。NPO法人「トラストサルン釧路」はそのひとつで、釧路湿原保全
のためのナショナルトラスト活動を30年間続け、現在は理事長を務めている。
また、近年は市民講座や獣医大学などから講師としてお呼びがかかり、野生動
物の現状について話す機会も多くなった。野生動物救護については獣医学的事
項ばかりでなく、行政対応などについても講義する。獣医大学の学生のなかに
は、将来野生動物に関連した職業に就きたいとの希望を持つ者が少なくない。
しかし、このような職場は非常に少ないという現実が立ちはだかり、けっきょ
くはあきらめてしまう。黒沢は、自分自身がたどった道を振り返り、学生たち
には「たしかに野生動物だけを相手にしている獣医師の職場はごくわずかだ。
しかし、いろいろな形で野生動物に関わっていくことはできる。どのような職
域でも、野生動物のことがわかる人材、自然環境に配慮できる人材はとても重
要だ」と、野生動物に対する興味を失ってしまわないよう励ましている。

獣医師を目指す中高生、獣医大学学生へ——黒沢からのメッセージ

　最近、One Health が注目されています。これまで別々に考えられてきた人
の健康、飼育動物の健康、野生動物の健康、さらに生態系の健康は、ひとつの
ものとして理解していかなければならないという主張で、具体例をあげるまで
もなく多くの人が認めるところでしょう。しかし、「野生動物の健康」につい
ては、ほかの分野に比べて遅れをとっていると思われます。そのなかで、私の
続けてきた野生動物の救護活動は、野生動物と生態系にどんなことが起こって
いるのかを見る、小さなしかし重要なのぞき窓のように感じています。長いこ
と続けてきた野鳥観察も、生態系の評価に少しは貢献するかもしれません。
　獣医学科に進学してくる学生のうち、7割以上が野生動物に興味がある、あ
るいは将来野生動物に関わる仕事がしたいと考えているそうです。しかし、所
有者（飼い主）がいない野生動物を診療しても対価は支払われませんし、実際
にその職域はまだまだ小さいといわざるをえません。そのような現状を見るう
ちに当初の夢を失う学生が多いようです。

私は「直接の仕事でなくて
も、野生動物の健康向上に貢
献することはできる」といい
続けています。私自身がそう
ですし、日本野生動物医学会
の会員である若い知人2名の
例をあげることもできます。
二人とも野生動物関連の職場
に就職しましたが、今は転職
して公務員です。いずれも個
人の立場で野生動物との関わ
りを続けており、先々野生動

施設に収容するため野生のタンチョウを運ぶ黒沢。

物獣医学への貢献が期待されます。どんな職にあっても野生動物に関わること
はできるし、いろいろな職業の人が野生動物について知っているということほ
ど心強いことはありません。

　現在は、多くの人が野生動物に関心を持ち、知識を得て、さまざまな立場で
自分の仕事や行動に生かすこと、それが求められる時代だと思っています。

8 動物園の獣医師
──成島悦雄（なるしま・えつお）

　厳しい野生下で生きのびるため、野生動物は弱みを見せない。痛みに対する感覚も人間とは異なっている。私なぞは痛いのがいやで、胃カメラや大腸内視鏡検査の際も麻酔をかけてもらう。野生動物のがまん強さはうらやましいかぎりである。動物園で飼育する動物でも、前日までは食欲があり元気だったのに、翌朝死んでいたというできごとはめずらしくはない。現在、日本動物園水族館協会で専務理事を務めている成島悦雄は、当時、上野動物園の獣医師であった。獣医大学を卒業して東京都建設局恩賜上野動物園に就職し、すでに28年が過ぎていた。このころ、上野動物園にはトントンという名前の雌のジャイアントパンダがいた。中国から送られた両親（フェイフェイとホアンホアン）の間で人工授精が行われ誕生した上野生まれの個体である。このトントンについて、獣医師ばかりでなくベテランの飼育係もがだまされた事例を忘れることができない。トントンはこのときすでに13歳で、毎年春になると発情していたが、なかなか自然交配しなかった。人工授精を行ってみたが、妊娠には至らなかった。ジャイアントパンダの性成熟は4〜5歳、飼育下での寿命は25歳程度といわれている。13〜14歳は十分妊娠可能な年齢であった。2000年3月にも、軽い発情があっただけで本格的な発情行動は確認できなかった。7月初めに飼育担当者からトントンが鼻水を出して息が苦しそうだとの報告を受けた。前日までとくに変わったところはなく、風邪と診断し薬を飲ませたところ、翌日に症状が軽減した。ところが、その翌日に症状が悪化しているとの連絡を受けた。トントンは呼吸がさらに荒く、お腹が若干膨らんでいるように見えた。東京大学獣医外科学研究室の佐々木伸雄教授（当時）に依頼し、レントゲン検査や採血を行ったが、その最中にショック状態を起こし、あっという間に亡くなってしまった。すぐに病理解剖を行ったところ、腸に大きな腫瘍のかたまりがあり、腸管が破れて内容物が腹腔内に脱出し腹膜炎を起こしていた。トントンはこの年の1月から6月まで体重の減少はなく、食欲もあった。行動も24時間ビデ

オで記録されていたが、めだった変化は観察されなかった。人間の場合、腹部に腫瘍ができれば、疼痛や食欲低下といった症状を訴えるはずだが、トントンはいつもと変わらないように見えた。「野生動物は病気を隠す」といわれる。トントンの場合も病気を隠す能力は飼育担当者や獣医師の観察力をはるかに超えるものであった。「この経験は人が生半可な努力をしても動物の能力にはとてもかなわないことを教えている」と成島はいう。

　成島は栃木県で生まれ、2 歳からは東京で育った。父親が動物好きで、家ではジュウシマツや犬を飼っていたそうだ。小学生のときに家で飼っていた雑種犬が亡くなり、死体を家の庭に埋めたことを覚えているが、特別、動物好きであったわけではない。小学校 4 年生のときに父親が病死し、これが「いのち」について考えるきっかけになった。中学生から高校生のときには、生きものはなぜ死ぬのか、なぜ老化するのかと絶えず考えていた。当時の高校の生物学では生命を物理や化学で解析するという内容が主流で、成島が興味を抱くものではなかった。大学では、むしろ動物の命そのもの、できれば老化や病気について学びたいと思うようになっていた。そして農学部獣医学科を目指し、合格した。

　大学の一般教養で学んだ生物学は知的刺激に満ちたものであった。担当はわが国における動物行動学の泰斗、故・日高敏隆教授であった。成島には、ATP やクレブス回路の講義より、オオカミはけんかをしてもたがいに殺し合わない、同種の動物を殺すのは人間だけという動物の行動の意味を説明する講義のほうがよほどおもしろかった。当時は動物行動学の黎明期で、日高教授はノーベル医学生理学賞を受賞したコンラート・ローレンツの著作を翻訳し、精力的に動物行動学のおもしろさを紹介していた。ローレンツ著、日高訳の『ソロモンの指環──動物行動学入門』は動物園人としての成島の原点となっている。獣医学科に入学したころは生理学か病理学の研究者になりたいと考えていたが、日高教授の講義を聴き、種として命をつないでいくための動物の行動のおもしろさに開眼した。いろいろな動物に出会える場所を探したところ、動物園の存在に気がついた。獣医師としていろいろな動物の病気を診ることができ、行動観察もできると思った。そこで、3 年生のときに上野動物園で 2 週間の飼育実習をすることにした。成島の場合、生来の動物好きが高じて動物園の獣医師になったのではなく、大学に入学してからさまざまな動物に興味を持つよう

になった結果、動物園の獣医師になったのである。この実習はわずか2週間で
あったが、動物園を裏側で支える飼育係の日常の仕事を目の当たりにでき、毎
日が新鮮であった。仕事が終わると飼育事務所は急遽、宴会場に様変わりする。
宴会では勤務時間では聞けない飼育の話を聞くことができた。当時の動物園の
飼育係は動物飼育の職人で、経験第一主義であった。かなり強面の人も多かっ
た。現在の飼育係の雰囲気からは想像もできない、いわゆるヤンチャな世界で
あった。成島が実習していた当時、上野動物園の飼育課にはヨーロッパの動物
園での留学から戻ったばかりの中川志郎（故人・後に園長）がいた。中川は科
学にもとづいた動物園運営の熱意にあふれていた。実習生の質問にも誠意をも
って答えてくれた。動物観察の重要性や飼料改革の取り組みの話も聞くことが
できた。さらに、自分より年上のヤンチャな飼育係を束ねる能力にも驚かされ
た。成島の動物園で働きたいという思いがさらに募っていった。

　成島は獣医大学を卒業し、獣医師国家試験にも合格した。念願叶って東京都
建設局に就職し、晴れて多摩動物公園勤務となったが、最初に突きあたった壁
が、ゾウ、サイ、キリンなど大型有蹄類の不動化である。病気になった大型動
物あるいは獰猛な動物を診療、治療するためには麻酔薬を使って動かないよう
にしなければならない。これが不動化である。使われる薬は合成麻薬製品であ
るが、当時（1970年代末）日本では手に入らなかったため、大型有蹄類の安
全な不動化は困難であった。成島がいろいろと調べたところ、クエン酸フェン
タニール（商品名フェンタネスト）という合成麻薬が人の医療で使われ、S社
が販売していることがわかった。ここで役に立ったのが多摩動物公園飼育課長
に異動していた中川志郎の人脈である。中川課長は、以前臨床獣医師として上
野動物園に勤務していたころ、麻薬を用いた不動化実験を行ったことがあり、
そのとき世話になったのがS社のH氏であった。人用のクエン酸フェンタニ
ールは希釈されているため、ゾウやサイへの投与では使用量が膨大になってし
まう。幸いS社はクエン酸フェンタニールの原末を所有しており、それを試
験用として入手できた。治験の手続きを行い、日本で初めての大型有蹄類の不
動化を試みることができた。事故死の可能性も否定できない不動化試験を認め
てくれた中川課長の度量の大きさには感謝の言葉しかない、と成島は振り返る。
この試験は成功し、これがきっかけとなり、後日世界的に広く使用されていた
塩酸エトルフィンを輸入できるようになった。塩酸エトルフィンを用いた不動

化の研究は「塩酸エトルフィン（M99）による動物園動物の不動化について」として動物園水族館雑誌に発表され、1997 年度の日本動物園水族館協会技術賞を受賞した。

　成島が動物園人として尊敬したのは中川志郎であったが、動物の診療に関して恩人と慕うのは、東京大学家畜外科講座の竹内啓教授（故人）である。多摩動物公園に勤務していたときに出会い、その後動物園動物の診療でたいへん世話になった。大学で学ぶ獣医学は基礎中の基礎で、臨床獣医師として独り立ちするには卒業後の実地研鑽が重要である。とくに野生動物や動物園動物は、産業動物や伴侶動物に比べて臨床情報が少なく、むずかしい症例に出会うと対応はまったく暗中模索となる。このような動物園獣医師に手を差し伸べてくれたのが竹内教授であった。竹内教授は、新米の動物園獣医師の意見にも耳を傾け、適切に指導してくれた。マレーバクの前肢に発生したフレグモーネ（蜂窩織炎；皮下の化膿性炎症）やインドサイの腔にできた線維肉腫の治療、ゾウ、サイ、シマウマなど大型有蹄類の麻酔などについて的確な助言をもらった。また、獣医大学の学生に動物園の仕事を紹介する機会も提供してもらった。成島は2001（平成 13）年から 2020 年まで都合 20 年間にわたり、獣医学部・学科（東京大学、東京農工大学、日本大学、北里大学、日本獣医生命科学大学）ばかりでなく、ほかの学部（早稲田大学、帝京科学大学）でも、非常勤講師あるいは客員教授として動物園動物の獣医学について若き学徒に話をすることができた。成島の講義をきっかけとして動物園獣医師を目指した学生もいたことだろう。

　また、成島は 1976 年以降半世紀近くにわたり、トキ（朱鷺）の保全活動にも関わってきた。1953 年に佐渡の河崎村でトラバサミにかかったトキが上野動物園に運ばれ治療を受けた。それをきっかけとして、傷ついたトキの治療について上野動物園の獣医師が相談を受けていた。さらに、佐渡で保護され飼育されていたトキがアニサキス症（寄生虫症）で死亡したことを受け、都立の動物園で人工飼料の研究が始まった。佐渡トキ保護センターには常駐の獣医師がいなかったこともあり、新潟県と東京都は契約を結んで、都立の 3 動物園（上野、多摩、井の頭）の獣医師がトキの健康診断を担当することになった。このとき、成島も佐渡トキ保護センターでの定期健康診断に参加し、それ以来ずっとなんらかの形でトキの健康管理と保全活動に関わっている。動物園でもトキ

72

の近縁種であるクロトキ、シロトキ、ショウジョウトキを使って飼育、繁殖、疾病などの研究を行い、成果を佐渡トキ保護センターでの飼育に役立てていた。1981年に佐渡の野生個体5羽すべてを捕獲し、飼育下での繁殖を目指すことになったが、捕獲したトキは残念ながら子孫を残すことなく次々と亡くなった。私も1995年に死亡した「ミドリ」の病理解剖を行ったことを覚えている。そして、2003年には最後の個体「キン」も死亡した。36歳という高齢であった。死因は、ケージの扉に衝突したことによる頭部挫傷であった。これで日本産のトキは絶滅してしまった。この間、野外で産卵された卵を上野動物園に運び孵卵を試みたが、すべて無精卵であった。種がいったん絶滅する方向に向かうと、人の力では抗しきれない。成島は虚無感に襲われた。しかし、その後、1999年に中国から雄雌のトキ2羽が来日し、トキの飼育繁殖が順調に進み、2008年には佐渡で誕生した中国産トキの子孫10羽が放鳥された。2021年12月現在、佐渡の野生下に478羽が生息し、佐渡トキ保護センターや多摩動物公園などの施設7カ所で182羽が飼育されている。日本産のトキが生息数を減らした原因は、農薬の使用による餌動物の減少や生息環境の破壊である。人とトキが共生していくためには、トキが暮らしやすい、すなわちトキの餌となる小動物も暮らしやすい環境を維持することが大切である。これは佐渡の人たちだけにまかせる問題ではない。トキをはじめ野生動物との共生をいかに維持していくかという日本の環境リテラシーが問われている。

　2002年、島根県の花と鳥をテーマとする動物公園で観客と職員がオウム病に感染する事件が発生した。オウム病はクラミジア（*Chlamydophila psittaci*）の感染によって起こる感染症で、インコやオウム類、ハトなどの糞に含まれるクラミジアを人が吸い込むことによって肺炎を起こす。高熱、頭痛、倦怠感、食欲不振、筋肉痛、関節痛、咳や痰などの呼吸器症状が見られ、重篤化すると死亡することもある。1882（明治15）年に上野に日本で初めての動物園が開設されて以降そのときまで、動物園の観客や職員が飼育動物から感染症に感染したという報告例はなかった。オウム病が発生したこの動物園は屋内施設で、人（観客と職員）が密閉された空間で感染動物（飼育鳥）によって汚染された空気を吸ったことが原因と考えられている。この事例を受けて、国立感染症研究所に「動物由来感染症対策としての新しいサーベイランスシステム開発に関する研究班」が設置され、当時上野動物園動物病院係長であった成島と広島市

安佐動物公園の福本幸夫園長がメンバーとして参加した。その研究成果は、2003 年に厚生労働省健康局結核感染症課から「動物展示施設における人と動物の共通感染症対策ガイドライン 2003」として公刊された。最初は「人と動物の共通感染症」ではなく「動物由来感染症」という語が用いられたが、成島たちは「動物由来感染症」という用語を使わないでほしいと主張した。人の健康を守る厚生労働省においては、当然であるが、「動物に由来する感染症に注意しましょう」ということになる。しかし、本来これらの病気は人と動物が共通の病原体に感染して生じる病気であり、「動物由来」として動物を一方的に悪者にしてほしくないというのが成島たちの意見であった。こうした感染症を表す英語のズーノーシス（zoonosis）は人獣共通感染症、人畜共通感染症と訳されているが、「獣」は哺乳動物、「畜」は家畜という特定の動物群を指すことから、適切な訳語ではないという意見もある。「人と動物の共通感染症」はニュートラルな表現だと成島たちは考えている。けっきょく厚生労働省も成島たちの主張を取り入れ、前述のガイドラインには「動物由来感染症」ではなく「人と動物の共通感染症」の用語を採用してくれた。同ガイドラインの「はじめに」の項には、「本ガイドラインでは『人と動物の共通感染症』という語を用いているが、（中略）動物と人との共通点について認識を持ち、それぞれについて注意を払うという意味で『人と動物の共通感染症』という語を用いた」とある。最近は「人と動物の共通感染症」という語が普通に使われるようになってきた。動物を一方的に悪者にしないよう用語に配慮することは獣医師の責務だと成島は考えている。

　成島が園長をしていた井の頭自然文化園には、第二次世界大戦後に来日したアジアゾウの「はな子」が飼育されていた。はな子は文化園の地元である武蔵野市と三鷹市の住民に愛されており、孫子 3 代にわたるファンも少なくない。40 歳代に歯が 1 本だけとなり、硬いものを咀嚼できなくなった。そこで飼育係が餌を細かく切り刻んで与えるなど、気を配って飼育管理を行っていた。文化園の職員や地元の住民ばかりでなく、多くの日本国民が「はな子はみんなの愛情に包まれて動物園で幸せに暮らしている」と思っていた。そこに冷や水を浴びせたのがカナダ在住日系人の SNS への投稿である。「はな子は 61 年間、単独でコンクリートの檻に入れられて自由を奪われている。はな子を動物園から解放してサンクチュアリーに送ろう」という内容を英語で発信し、瞬く間に

世界中に大きな反響を巻き起こした。サンクチュアリーに送ることに賛成する署名がインターネット上で47万近くも集まった。その多くは欧米人であった。そのとき、成島はすでに園長を退いていたが、あれほど皆に愛され、飼育係も心をこめて世話をしていたのに、欧米人はなんとお門違いなことをいうのだろうと思っていた。署名活動が始まった翌年の2016年5月に、はな子は69歳で亡くなった。サンクチュアリーに送る運動も終了した。69歳は当時の飼育ゾウ世界長寿記録第3位である。署名した人たちの主張は、群れをつくり社会生活を営むゾウを単独で飼育することは動物本来の習性に反するもので、長年単独飼育を見直さなかったのは大いに問題であるというものであった。「たしかにゾウは群れで生活する動物だが、動物園では飼育係や観客など人と触れ合っており、必ずしも孤独を感じているわけではない。むしろ大人のゾウと同居させると折り合いが悪く、けんかが絶えなかった例もある。群れで生活する動物は複数で飼育しなければ虐待という単純なことではない。しかし、動物の習性に見合った飼い方をしてこなかったことへの批判は真摯に受け止めなければならない」と成島は当時を振り返る。「動物の愛護及び管理に関する法律（略称：動愛法）」にも「動物の種類、習性等に応じて適正に飼養」するよう規定されているが、個々の動物種についての飼育基準は示されていない。基準がないため、「動物がかわいそう」と思っても、それを改善する法的根拠がないのが現状である。成島の忸怩たる思いは続く。

　成島は2015（平成27）年に井の頭自然文化園の園長を退職し、前述した公益社団法人日本動物園水族館協会（Japanese Association of Zoos and Aquariums; JAZA）の専務理事に着任した。JAZAはわが国の動物園や水族館が連携しさらに発展していくことを目的として、1940（昭和15）年6月に動物園16園と水族館3館、合計19園館で発足し、2021年12月現在では動物園90園と水族館49館、合計139園館が加盟している。日本には動物園・水族館と名乗る施設が400〜500あるといわれているので、その3割ほどが加盟していることになる。総裁は秋篠宮皇嗣殿下、理事（動物園水族館の園館長から選任）17名は2年ごとに改選される。現在は上野動物園長の福田豊氏が会長を務めている。成島は常勤の専務理事としてJAZAの活動全体に関わっているが、とくに動物園と動物園動物に関わる諸問題および世界動物園水族館協会（World Association of Zoos and Aquariums; WAZA）との連絡窓口を担当し

ている。JAZA は、解決が困難な課題について動物園・水族館が園館の垣根を越えて協力し、解決することを目指している。動物園・水族館に対する社会の要請は時代により異なっている。現在は地球環境の悪化を背景に、国連の持続可能な開発目標（SDGs）への貢献を軸として、希少種保全や動物福祉に関する課題に取り組んでいる。実際には、動物園・水族館の運営に関する情報交換、飼育係や獣医師の技術研修や研究会の開催、事故防止と安全対策、動物福祉の向上、希少種の血統管理と計画的な繁殖（域外保全活動）、希少種の域内保全活動、飼育施設の改善、ワシントン条約違反で持ち込まれた動物の寄託管理、外国の動物園・水族館との連携などの仕事を行っている。

　成島が JAZA に着任した翌 2016〜2017 年の冬に、秋田市と名古屋市の動物園で飼育されていたシロフクロウ、コクチョウ、シジュウカラガンなどの鳥類が高病原性鳥インフルエンザ（Highly Pathogenic Avian Influenza; HPAI）ウイルスに感染した。これらの動物園はやむなく休園して消毒作業を行った後、数カ月後に再開園した。HPAI は養鶏業に大きな被害をもたらす人獣共通感染症（失礼、「人と動物の共通感染症」と呼ばなければなりませんね）だが、動物園にとっても大きな脅威である。飼育係や獣医師など動物園の職員ばかりでなく、来園者や近隣住民の健康、風評被害、休園による収入減、感染鳥の殺処分と希少種保全との軋轢などの諸問題に対応しなければならない。動物園動物は基本的に「家畜伝染病予防法」や「感染症の予防及び感染症の患者に対する医療に関する法律」の対象外なので、病原体の診断も法的かつ組織的に行えるように整備されていない。家畜ではない動物を飼育している動物園・水族館は、感染症対策においては脆弱な危機管理体制を余儀なくされている。しかしながら、HPAI が園内動物に発生した際の対応法について、環境省が動愛法を根拠として全国規模の研修会を開催した。2018 年度の研修会は、仙台と HAPI の発生を実際に経験した名古屋の動物園を会場として、発生時の適切な対応法について、2019 年度は札幌、東京、大阪、2020 年度は富山、広島、熊本の動物園をそれぞれ会場として、地域の動物園・水族館と関係自治体部局が集まり、HPAI の発生を想定したシミュレーション訓練を行った。JAZA も会場となる動物園の選択、秋田と名古屋の事例紹介、JAZA 加盟園館への研修会参加要請などを行い協力した。

　ゾウのはな子のエピソードでも触れたが、動物園動物の福祉向上の動きが国

際的に進んでいる。動物を狭い場所に閉じ込め自由を奪い、人の慰めとすることに反対する人が近年増えている。成島によれば、動物園・水族館に苦情を寄せる人は、①動物に"人権"を認め、動物園の存在自体を否定する人、②動物園の存在は認めるが、動物のためにもっと飼育方法を改善すべきという動物福祉向上を訴える人、に分けられるという。成島はもちろん、JAZA も動物園の存在を肯定したうえで動物園動物の福祉向上を推進するために活動している。成島はまた、2016 年にシンガポールで、2019 年にはバルセロナで開催されたWAZA の動物福祉に関する会合に参加し、諸外国の関係者と動物園動物の福祉向上に関する情報を交換した。この 2 回の会合の検討結果を受け、WAZAは 2023 年までに WAZA 加盟園館の動物福祉を向上するための活動を始めることにした。JAZA も動物福祉規定を国際水準に合わせる作業に着手した。2017 年からはロンドンに本拠を置く動物園動物の福祉向上をサポートする団体である「Wild Welfare」から動物福祉の専門家を招聘し、北海道（札幌）、関東（東京）、関西（大阪）、九州（福岡）の動物園で動物福祉のセミナーを開催し、JAZA 加盟園館における動物福祉のレベルアップを図っている。

　私が在籍した大学でも、20 年もの長きにわたり、成島に動物園動物に関する年 1 回の集中講義を依頼してきた。成島は、この授業を毎年心待ちにし、学生の反応やレポートの採点を楽しんでいた。

獣医師を目指す中高生、獣医大学学生へ──成島からのメッセージ

　動物園の獣医師を目指すのであれば、大学在学中にぜひ動物園で実習してほしいと思います。大学で学ぶことは基礎中の基礎でしかありません。インターンシップなどの課外

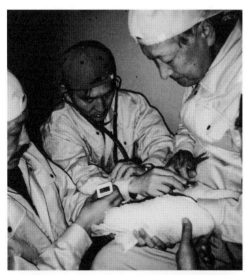

トキの健康診断。中央が成島。右は近辻宏帰トキ保護センター初代所長（故人）、左は野瀬修央上野動物園職員。1990 年ごろ。

実習を通して、大学では学べない課題の解決方法を学ぶことも大切です。また、最近はあらゆることが日本国内だけでは完結しなくなっています。さらに、多くの情報が英語で発信されています。英語が世界の共通語である現実を認め、日頃から英語力を高める努力を惜しまないでください。

9 地域に根ざした獣医行政と博士号の取得
── 大場剛実（おおば・たけみ）

　大場剛実は 2009 年、東京大学大学院農学生命科学研究科にて論文博士（獣医学）を取得した。博士学位論文のタイトルは、「と畜場搬入豚のアクチノバチルス感染症の病理学的研究」であった。以下に大場の研究内容を簡単に述べる。大場には失礼と思うが、かなり専門的なので、適宜読み飛ばしていただいてかまわない。

　2000 年代初頭、大場が富山県のと畜場（食肉用の家畜をと殺、解体するところ）に搬入された豚の病変部から分離したアクチノバチルス属の細菌は、2003 年にゴットシャルク（Gottschalk）らにより提唱された *Actinobacillus porcitonsillarum* という菌種と考えられたが、病原性などの詳細がいまだ不明であることから同定できずにいた。動物衛生研究所（現・農研機構動物衛生研究部門）動物疾病対策センターの小林秀樹博士に相談したところ、同定に協力してもらい当該菌であることが判明した。この菌種の国内初分離であり、また豚への病原性を確認した初めての症例となった。同じころ、豚に肺やリンパ節の肉芽腫性炎症が流行した。この病気は 1981 年にと畜検査員の全国研修会で最初に報告され、その後も複数症例の報告があったが、なかなか原因菌の分離には至らなかった。富山県でもしばしば発生し、当時川崎市から富山県の食肉衛生検査所に赴任したばかりであった大場は、病変部からの原因菌分離を試みた。ところが、一般的な細菌培地では原因菌を分離することができなかった。あるとき、大場は豚のこの病気の病変が、同じアクチノバチルス属の細菌 *Actinobacillus lignieresii* の感染によって起こる牛のアクチノバチルス症の病変に似ていることに気づいた。また、近縁の *Actinobacillus pleuropneumoniae* は「チョコレート寒天培地」という血液を添加した特殊な培地を使わないと培養できないことも聞いた。そこで、この培地を用いたところ、なんと原因菌を分離することができた。この菌は豚に線維素性胸膜肺炎を起こすとこれまで考えられていた *Actinobacillus pleuropneumoniae* であった。すなわち、この細

菌は線維素性胸膜肺炎以外に、肺、リンパ節、肝臓など全身に肉芽腫性炎症も起こすことが大場の研究によって明らかになったのである。*Actinobacillus pleuropneumoniae* の発育には補酵素であるニコチンアミド・アデニン・ジヌクレオチド（NAD）が必要なので、と畜検査で一般的に使われる NAD を含まない血液寒天培地では分離できなかったのだ。大場は、これらの成果をまとめ、本章の冒頭に述べたように、博士学位論文「と畜場搬入豚のアクチノバチルス感染症の病理学的研究」を書き上げたのである。

　さて、ここからは「博士号」の話になるので、多少は読みやすいかもしれない。博士号は、世界的に最高位の学術称号であるが、わが国では 1887 年に学位令が公布され、法学博士、医学博士、工学博士、文学博士、理学博士が定められた。さらに 1898 年には薬学博士、農学博士、林学博士、獣医学博士が追加された。1991 年以降は、博士称号の後のカッコ内に専門分野を付記する表記になり、獣医学の場合、それ以前の「農学博士」や「獣医学博士」ではなく「博士（獣医学）」のように表記されるようになった。専門分野の名称は大学が定めることができるので、じつにさまざまな学位がある。また、学位の表記には学位を授与した大学などの機関名も付記しなければならない。したがって、「博士（獣医学）（東京大学）」などとなる。

　ほかの章でも折に触れて述べているが、獣医師養成教育、すなわち大学での獣医学部教育は、1984 年卒業者から実質 6 年制になった。それまで、学部 4 年、大学院修士課程 2 年、博士課程 3 年であった獣医学教育の修業年限が、学部 6 年、修士課程は廃止、博士課程 4 年となった。すなわち医学教育や歯学教育と同様になった（2006 年度には薬剤師養成教育も同様に改定された）。獣医学分野で博士号を取得したいときは、大学院の獣医学研究科または農学系研究科獣医学専攻に入学、所定の単位を取得した後に、博士学位論文を提出し、試験に合格しなければならない。「獣医学博士」は獣医学研究のプロフェッショナルという称号で、動物医療の専門家で国家資格である「獣医師」とは異なる。獣医学博士を持つ者が獣医師ではないことも多い。大学院を修了して得られるのが「課程博士」である。一方、現在わが国では、大学院に入学することなく直接博士論文を提出し、試験に合格することで取得できる「論文博士」がある。論文博士に相応しいとされる者は、多くの学術的実績を有し、必要な数以上の査読つき論文を執筆公表し、その分野の権威、すなわち大学の教員により高度

な研究能力を有していると認定されなければならない。実際、論文博士は課程博士よりかなりハードルが高い。しかしながら、取得してしまえば課程博士も論文博士もまったく区別はない。強いていえば、課程博士は大学院に入学する必要があるため、入学金、授業料がかかり、授業、演習、実習などがあるので時間的にも拘束される。一方、論文博士の場合、費用は論文審査料だけで、授業などの受講も不要であるが、前述したように、論文にはかなり高い質が求められる。

　さて、大場は子どものころから生きものが好きで、自宅近くの多摩川の河川敷でよく魚釣りや昆虫採集をしていた。小学校4年生のときに家の庭で、片足をなくし弱っているヒヨドリを見つけた。それまでにも怪我をした野鳥を保護し、自分で世話をしたことが何度かあったが、悲しいかなすべて死んでしまった経験ばかりであった。今度こそなんとしても助けたいと思った大場少年は、小銭しか持っていないにもかかわらず、そのヒヨドリを近所の動物病院に連れていった。病院の獣医師は迷惑がらずに診てくれ、さらに「お金はいらないよ」と小瓶に入った透明の塗薬も渡してくれた。それでも支払いを気にする大場に「じゃ、出世払いでいいよ」といった。小学生の大場にはその意味がよくわからなかったが、獣医師の好意に甘え無料で薬をもらって帰った。なんとまあ、立派な獣医さんであろうか。まったくもって獣医師の鑑である。もらった薬を毎日塗っているとヒヨドリは数日後には元気を取り戻し、餌をあげようと小屋の扉を少し開けた瞬間、隙間から飛び立っていった。「先生の薬はすごい！」といたく感激したのを鮮明に覚えているという。これが、大場が初めて獣医師のことを知ったできごとであった。

　高校生になった大場は、大学を選ぶ際に進学するなら水産学・生物学・獣医学など生物系の学部と漠然と思っていた。ところが、高校2年生のときに飼っていた犬が突然死んでしまった。その犬は、小学校5年生のころ、反対する両親を「自分が世話をするから」と説得し、飼い始めた犬であった。わずか6年ほどの命だったが、大場だけでなく家族にとってもなくてはならない存在になっていた。飼い犬の死を悲しむ家族を見て、「もし自分が犬を助けることができたら、犬も人もつらい思いをしなくてすんだんだ」という思いが募り、獣医師を目指す気持ちが固まった。

　獣医大学に入学し、獣医師への道を歩み始めたある日のことであった。友人

の一人が、まだ・・へその緒がついたままで目も開いていない子犬を数匹拾い、困り果てていた。一人暮らしであった大場は「ペット禁止のアパート」に住んでいたにもかかわらず、そのうちの１匹を育てることにした。授業の合間や昼休みにアパートに戻り、また夜中の２時か３時には鳴いて起こされ、ミルクを与えた。寝不足の生活が２カ月ほど続いたころ、アパートの部屋に大家が突然訪ねてきた。「怒られるのでは」、戦々恐々とする大場に、大家は「よかったら私にその子犬を譲ってくれませんか。経営している保育園で飼いたいのです」とニコニコしていったという。１年後に保育園を訪ねたところ、その犬は敷地から離れた場所につながれていた。人がきて喜ぶと甘嚙みしてしまい、園児を近づけることができないという理由であった。元気だったのでうれしかったが、子犬の社会化期にきちんとしつけていれば園児たちと楽しく過ごせたのではないかと、少々残念に思ったという。

　大場はそのころ、将来は犬や猫の動物病院を開くことを考えていた。ところが、「ソロバンがはじけないような人間は病院を開いてもうまくいかない」と両親にいわれ、また大学入学後に始めた一人暮らしで、生活費さえもじょうずにやり繰りできなかったため、自分でも病院経営は無理だと悟るようになった。就職先として安定した公務員を考えるようになり、けっきょく需要が大きい公衆衛生獣医師の職に就くことを決め、地方公務員を選択した。1994年に獣医大学を卒業し、獣医師国家試験に無事合格、新潟県に就職した。赴任先は食肉衛生検査センター長岡検査所で、「と畜」検査の業務に就いた。２年後には柏崎保健所に異動となり、食品衛生、環境衛生、狂犬病予防、動物愛護などの業務を担当した。その後、実家がある川崎市の保健所に転職し、食品衛生業務に就いた。ところが、大場は公衆衛生獣医師としての最初の仕事であった「と畜」検査の業務が忘れられず、数年後にさらなる転職を決意した。当時すでに30歳を超えており、獣医師採用試験を受験できる自治体は限られていたが、そのうちのひとつが富山県であった。「と畜」検査員として富山県に赴き、数年後には衛生業務に異動したが、赴任以来ずっと住み続けている。現在、とくに地方の公務員獣医師が不足しているので、大場のキャリアパスとライフスタイルはじつに貴重である。

　「と畜」は「屠畜」と書き、牛、豚、鶏などの家畜を食肉などに利用するため安楽死することをいう。厚生労働省が管轄する「と畜場法」という法律にし

たがって実施されるが、この法律では、「屠」の字が漢字制限のためひらがなの「と」になっているので、通常も「と畜」と表記される。家畜（牛、馬、豚、羊、山羊）は原則として「と畜場」で「と殺」されなければならず、その手続きを定めたのが、「と畜場法」である。疾病のある家畜が食用に供されないよう、1頭ごとに行政による厳格な検査が行われており、この検査を行うのが「と畜検査員」である。「と畜検査員」は地方自治体の食肉衛生検査所に所属する獣医師が務める。

　大場は、「と畜検査員」になる前はもちろん、なってからも、研究や学術論文とはまったく無縁であった。大学を卒業する際に卒業論文をまとめたが、論文とは名ばかりで学術雑誌に掲載されるレベルからは程遠いものであった、という。そもそも、論文などどう書けばよいのかもわからなかった。それでも、「と畜検査員」としての日常業務で得た豚の感染症に関するデータをコツコツまとめて、学会などで発表していった。研究というと大学や研究所で行われている世間離れしたできごとのように考える人がいるかもしれない。しかし、さまざまな現場での日常の業務に即した検討事項や考察も立派な研究である。成果が蓄積されるにつれ、大場はひょっとしたら自分も博士論文が書けるのではないかと考えるようになった。そこで、動物衛生研究所（当時）の主任研究員である知り合いの芝原友幸博士に相談したところ、指導してもらえることになった。大場が元来備えている研究マインドと粘り強さが相まって研究は順調に進み、国内外の学術雑誌に都合7編の論文を発表した。そのうち海外の雑誌に発表した3報が同一のテーマに関連した内容であり、まとめるとストーリーが完成するようになっていた。そんな折、東京大学の明石博臣教授（当時）が2007年に日本獣医師会誌に執筆した獣医学博士取得についての論説を目にする機会があった。「最初から手が届かないものとあきらめるのではなく、自分が行ったことの評価を求めるという気持ちで挑戦してはどうだろう」「なにごとも一歩を踏み出さなければ、結果はついてこない」という文章に背中を押され、大場も博士の学位に挑戦することにした。前述の芝原博士に学位論文の執筆を丁寧に指導してもらい、完成した博士学位論文を東京大学大学院農学生命科学研究科獣医学専攻に提出した。「これまで研究者としての肩書きがない自分にとって、論文の完成と提出はほんとうにうれしいできごとでした」と大場はなつかしむ。「芝原先生をはじめ関係者の皆さんには博士論文の作成を通じ

て、研究成果をまとめて公表する方法、科学的なものの見方・考え方など貴重な指導をいただきました。これらの経験は、思い切って挑戦しなければ得ることができなかったと思います」。大場の顔が輝いた。実際、農業共済組合（NOSAI）の家畜診療所、家畜保健衛生所、そして大場が所属した食肉衛生検査所など産業動物獣医療の現場で働く獣医師が博士の学位を取得することはまれなのである。

　ここで、家畜保健衛生の現場である「家畜保健衛生所」と食肉衛生の現場「食肉衛生検査所」について簡単に説明しておこう。「家畜保健衛生所（略称：家保）」は、農林水産省が管轄する都道府県の機関で、地域における家畜衛生の向上を担っている。具体的には、家畜伝染病の予防、診断、飼養衛生管理指導などを行っている。家保に所属する獣医師は「家畜防疫員」として前述した業務に従事する。一方、「食肉衛生検査所」は、厚生労働省が管轄し、都道府県知事または指定都市などの市長が事務を所掌する。「食肉衛生検査」には、「と畜場法」にもとづき食用獣畜を対象とする「と畜検査」と、「食鳥処理の事業の規制及び食鳥検査に関する法律（食鳥検査法）」にもとづき食鳥（食用に供する鶏、あひる、七面鳥）を対象とする「食鳥検査」がある。「と畜検査員」は、と畜場へ出向き、食肉の検査を通じて食用家畜の病態調査や人獣共通感染症対策および残留抗生物質対策などに従事する。また「食鳥検査員」は食鳥について、生体、と体（と殺した死体）および内臓の検査を行う。と畜検査員と食鳥検査員には、「食肉衛生検査所」などに所属する自治体職員のうち獣医師資格を有する者が任命される場合と、自治体が指定した検査機関の職員のうち獣医師資格を有する者が委託される場合がある。と畜検査と食鳥検査はそれぞれ1頭、1羽ごとに実施され、検査の結果、食用不適とされた場合は、と畜場または食鳥処理場で排除される。近年は、食肉などに起因する腸管出血性大腸菌、カンピロバクター、サルモネラ属菌などによる食中毒が多発しており、人への健康危害を防止するため、と畜場や食鳥処理場における衛生管理業務の重要性が高まっている。

　その他、地方自治体に所属する獣医師の勤務先として、「保健所」「動物愛護施設」「衛生研究所等の試験研究機関」「公立の動物園や水族館」などがある。「保健所」の獣医師は、食品衛生監視、環境衛生監視、薬事監視などの業務に従事する（それぞれ食品衛生監視員、環境衛生監視員、薬事監視員）。自治体

に動物愛護施設がない場合は、動物保護管理業務も行う。また、人獣共通感染症の専門家として、感染症法にもとづく業務にも従事する。「動物愛護施設」では、狂犬病予防法や動物愛護法にもとづき、保護犬・猫など動物の管理・殺処分・譲渡、動物愛護の普及啓発、動物取扱業や特定動物飼育施設の監視などに従事する（狂犬病予防員、動物愛護管理員）。「衛生研究所等の試験研究機関」では、研究員としておもに人の感染症や食品衛生に関する研究・検査業務に従事する。また、自治体が運営する「動物園や水族館」では展示動物の健康管理や診療を行う。

　博士号を取得した後も、大場の研究マインドはいささかも衰えず、さまざまなテーマに挑戦し、研究成果を残してきた。時間は多少さかのぼるが、大場の研究に対する執念を象徴するエピソードを紹介しよう。すなわち「50 頭中 49 頭目に検出できた事案」。2004 年に、と畜場法の改正により「豚赤痢」がそれまでの「部分廃棄」から「全部廃棄」の対象になった。「豚赤痢」とは元気・食欲消失と血便を症状とする豚の「届出伝染病」である。スピロヘータと呼ばれるらせん形の細菌の一種 *Brachyspira hyodysenteriae*（*Bh*）の感染による。致死率はそれほど高くないが、幼豚の発育遅延をもたらすため経済的損失が著しい。一方、と畜場では、病変が見つかった枝肉や内臓肉のみを廃棄し、ほかの正常な部分を流通する「部分廃棄」か、あるいはどこか一部でも病変が見つかった場合に個体全部を廃棄する「全部廃棄」とが決定される。すなわち、「豚赤痢」に感染した豚では病変が腸にしか見られない場合でも、肉を流通することはできず、1 個体をすべて廃棄するということになったのである。さて、大場の職場である富山県の食肉衛生検査所では、「豚赤痢」の県内の蔓延状況を把握するため検査を実施することになった。そのころ、*Bh* と近縁のスピロヘータ *Brachyspira pilosicoli*（*Bp*）によって起こる「豚の結腸スピロヘータ症」の発生が日本でも報告され始めていたが、発生状況など不明な点が多かった。そこで「豚赤痢」に加えて、「豚の結腸スピロヘータ症」についても検査を行うことになった。大腸炎発症豚 50 頭について顕微鏡検査を行ったが、*Bp* はなかなか検出されず、あきらめかけた 49 頭目にとうとう見つけることができた。顕微鏡レンズの視野にスピロヘータを見つけたときの興奮、翌日の確認検査までのワクワク感は今でもまざまざと実感できると大場はいう。検査所の多くの職員を巻き込んだ検査だったのでほんとうによかったと、述懐する。そ

の後、*Bp* が検出された農場を集中的に調べたところ、5 頭の感染豚が検出できた。大場はこのエピソードもしっかりと学術論文にまとめ公表している。

　大場が学位論文をまとめていた当時、すなわち 2000 年代の地方の食肉衛生検査所には電子ジャーナルの閲覧環境がなく、大場は学術文献の入手に苦労していた。実際、このころは大学の図書館でようやく環境が整備されてきた時期である。突然思い出したが、私が学生であった 1980 年代、文献検索は大仕事であった。朝早くから夜遅くまで図書館にこもり、"Biological Abstracts" や "Chemical Abstracts" などの文献検索誌をめくってキーワードにヒットする論文を見つけ、その雑誌名、号巻、ページをメモする。書庫をめぐって雑誌を探しあて、該当する論文をざっと読み、使えそうならば館内でコピーをとり、雑誌をもとに戻す。この作業を延々と続けたものである。文献データベースが普及し、コンピューターの性能が向上した 2000 年代は、それに比べればまだましな状況であった。とはいえ、オンラインによる文献入手はまだ先のことであり、富山県で唯一医学文献の入手が可能と思われた富山医科薬科大学図書館では、学内者と医療関係者以外の文献複写取り寄せサービスは受けつけていなかった。悲嘆にくれていたあるとき、子どもと図書館に行こうと思い、富山県立図書館のウェブサイトを調べていたら、複写取り寄せサービスがあることを偶然知った。複写費用は 1 枚 10 円で自費でも負担にならない金額であった。海外学術雑誌の複写が適切な価格で入手できたことは、大場の研究人生をより豊かなものにしてくれた。その後、海外の文献は、インターネットで瞬時に直接手に入るようになったことはいうまでもない。

獣医師を目指す中高生、獣医大学学生へ──大場からのメッセージ

　獣医師を目指す中学生・高校生の皆さんへ　　1 年浪人してなんとか獣医学部に進んだ私は「高校生のときにもっと勉強しておけばよかった」と後悔したものです。そんな私が若い皆さんに強く伝えたいのは、なるべく早いうちから大学受験を意識して、日々勉強してほしいということです。1 日 1 日を大切にして、ぜひ夢をかなえてください。

　獣医学生の皆さんへ　　犬や猫などの伴侶動物の獣医師を目指す場合でも、牛、豚、鶏などの産業動物や野生動物の獣医師、公務員獣医師が働く現場に実習に行き、さまざまな獣医師の職域を体験することが大切だと思います。また

現在の大場。と畜場に隣接する「富山県食肉検査所」の前で。
と畜場で採取した材料について、ここで細菌、病理、理化学的
精密検査を行う。また、抗菌性物質が食肉に残っていないかな
ども検査する。

公務員獣医師を志望する場合も、自治体によってそれぞれ特色があるので、複数の自治体の施設を見学することをお勧めします。

　あくまで私の考えですが、地方では一人の獣医師が受け持つ仕事の範囲が広いため、ゼネラリストとしての経験と実績を積むことができます。また、地方ならではの、のびのびとした生活環境のもと、ゆったりとした暮らしが望めます。富山県は、転職するまでまったく縁のなかった県ですが、職場環境も生活環境もすばらしく、転居してほんとうによかったと思っています。充実した環境でいきいきと自分らしく働き、自分の能力を生かせる仕事を見つけてほしいと思います。

10 動物衛生の現場と行政をつなぐ
── 佐藤真澄（さとう・ますみ）

　小学生のころはピアニスト、中学生では建築家、高校生になると漫画家になりたかった。大学受験の際には「資格」がとれる学部、学科を考えていた。子どものころ、佐藤真澄の将来の夢は、当時の同年代の女の子の多くとほとんど同じであった。「資格」の代表である学校の先生になろうと考えたこともあったが、「教える」ことが苦手なので無理、薬剤師も「化学」や「亀の甲（有機化学に頻繁に登場する『ベンゼン環』の俗称）」が苦手なので無理。ところが、よくよく考えてみたら、母方の伯父、祖父、曾祖父と３代にわたって獣医師であったことを思い出した。母からも「獣医師はどう？」と勧められ、けっきょく獣医学部を受験することになった。小学校と中学校のころは犬がとても怖かったという。昔は都会でも野良犬が多く、人を見ると吠える、向かってくるなど、子どもはみんな犬を怖がっていた。浪人中、「精神を病んでしまうといけないから」という理由で、シェットランド・シープドッグの子犬を買ってもらった。それからは大の犬好きになり、浪人中も精神を病むことはなかったが、犬が「キャン」と鳴くと駆けつけて世話をするということを繰り返していたため、受験勉強にまったく身が入らなかった。それでも晴れて獣医学部に入学できた。

　大学ではまったくいい加減な学生だったと佐藤は回想するが、私の長年の教育経験によると、男子学生に比べ女子学生は皆さんけっこうまじめである。２年生の終わりか３年生の初めに、卒業研究を行う研究室を選ぶ際も、なにをやりたいのかまったくわからず途方に暮れていたというが、そういう学生はかなり多い。なにも佐藤だけがいい加減なのではない。そのころ、たまたま大学の渡り廊下ですれ違った獣医病理学の教授と、内容は覚えていないが話が弾んだ。話すうちに、なんと教授の娘と出身高校が同じであることが判明した。そして、「病理学」とはなにかもわからないまま病理学研究室への入室を誘われ、たいして考えることもなく入室してしまった。

　じつは私も長年病理学を専攻してきたので、ここで少し説明しておこう。「病理」とは読んで字の如くで、病気の理由、すなわち原因、経過、結果（転帰という）を研究する学問分野である。実際には、死んだ動物を解剖し、死因や死に至った経過を類推する。解剖時の肉眼観察、顕微鏡による組織観察、タンパク質や遺伝子を調べる分子生物学的観察などにより研究を進めていく。また、手術などで採取した標本について、その病気がなにであるかを調べることも病理学の担当である。病理診断の結果により、病変の良性悪性、悪性であればその程度、症例によっては治療法までも判定できる。

　当時、病理学研究室はとても人気が高く、1学年約15名、入室したての3年生から卒業論文執筆に忙しい6年生まで、合計約60名の学部学生が狭い研究室にひしめき合っていた。研究室の学生人数が多いとなかなか自分の存在が示せず、足が遠のく場合が多い。佐藤も例にもれず、研究室よりバイト先に足が向いていたようだ。後々考えると、さまざまなアルバイトから得た経験はたいへん貴重で、とくにそのころの人脈は今でもじつに有益である。私もまったくそう思う。佐藤はアルバイトを続けながら、大所帯の研究室で途中ドロップアウトすることなく、後輩の手を借りて無事に卒業論文を仕上げることができた。

　さて、就職である。犬の断耳手術の実習をやった際に切り口がギザギザになり、同じ実習班の友人に「かわいそう、この犬」といわれた。そのとき、自分は臨床には向いていないと悟った。「まったくいい加減な理由なので、くわしくは話せません」。家畜衛生試験場（現・農研機構動物衛生研究部門）に就職した理由を尋ねた私に、佐藤はうつむき加減のまま小声で答えた。農業・食品産業技術総合研究機構（以下、農研機構）は、それまで独立していた12の国立農業関係研究機関を整理統合して発足した国立研究開発法人で、現在は22の部門やセンターからなる。動物衛生研究部門は、1922年に発足した「獣疫調査所」が戦後1947年に「家畜衛生試験場（略称：家衛試）」に改称、さらに2001年の独立行政法人化による「動物衛生研究所（略称：動衛研）」への改称を経て、2016年に「農研機構動物衛生研究部門」に改組、改称された。佐藤が就職活動を行っていた当時、家衛試に入るには上級国家公務員試験に合格して採用される場合と、博士号取得した後に家衛試独自の選考により採用される場合とがあった。佐藤が受験した年に、それまでの国家公務員試験上級甲およ

び乙という分類が廃止され、獣医職は上級のみとなった。現在は、農研機構独自の試験による採用が主で、国家公務員試験による採用は獣医系と農業工学系だけである。また、佐藤が大学に入学した年に、それまで 4 年制だった獣医師養成学部教育が 6 年制になった。佐藤は 6 年制教育の第 1 期生であった。獣医師国家試験も形式が変わり、それまでの記述式問題と口頭試問が廃止され、すべて 5 者択一のマークシート方式になった。佐藤はというと、獣医師国家試験も農水省の国家公務員採用試験も農水省が実施するので同じような問題が出るだろう、獣医師国家試験の出題傾向がわかるかもしれないと安易に考えた同級生約 30 名と上級獣医職の国家公務員試験を受験した。なんという浅はかな考えであろう。獣医師国家試験と国家公務員試験は目的も出題者もまったく違う。出題傾向が類推できるわけがない。その結果、当然のことながら、受験した大学の同級生 30 名中合格したのはわずか 3 名のみであったが、なんとそのうちの一人が佐藤であった。当時、国家公務員上級獣医職試験合格者の配属先として、家衛試、畜産試験場、草地試験場、動物医薬品検査所（略称：動薬検）、動物検疫所、農水省本省などがあった。毎年、合格者の多くは家衛試への就職を希望していたという。ところが、佐藤はというと、合格した場合、どこに就職できるかなどまったく知らずに受験していたらしい。面接試験の際に「合格したらどこへの就職を希望するか？」という質問があり、事前に大学の先生から「どこでも行きます！」と答えろといわれていたにもかかわらず、「就職先にはなにがありますか？」と逆にとんちんかんな質問をした。けっきょく実家から通えるので「動薬検希望」と答えたような気がする、とまたしてもうつむき加減に答えた。しかし、自分より成績がよかった合格者に動薬検を希望した者がいたため、家衛試に決まり、実家を出て職場がある筑波研究学園都市に住むことになった。実際、この年の獣医職合格者のうち、ほとんどは動物検疫所に配属されたという。第 1 希望から外れた佐藤の試験成績は容易に想像できる。

　さて、佐藤が配属された家畜衛生試験場であるが、さまざまな家畜疾病の研究を行うとともに口蹄疫、豚熱、高病原性および低病原性鳥インフルエンザの確定診断を行う唯一の国の機関として、「特定家畜伝染病防疫指針」で定められている。「法定伝染病」とは、「家畜伝染病予防法」という法律に「家畜伝染病」という名称で定められている家畜の伝染性疾患で、現在、前述した感染症を含め 28 種が指定されている。これらの病気が発生した場合は、この法律に

したがって昼夜を問わず対応しなければならない。また、「家畜伝染病予防法」には法定伝染病以外に71の「届出伝染病」も定められている。野外で家畜の疾病が発生した際には、都道府県の家畜保健衛生所、病性鑑定所の獣医師が診断を行うが、その診断に必要な技術の習得のため、都道府県に勤務する獣医師に対して行う研修・講習も家衛試の重要な仕事であった。実際に、現在も動衛研では年間約500名の研修生を受け入れている。研修期間は数日から最長7カ月である。佐藤が家衛試に入所した当時、このような研修生のほとんどは自分より年上で、現場でバリバリ活躍している者が多かった。これに対し、佐藤も含め入所したての家衛試の職員は、野外現場のことなどほとんどなにも知らない。逆に研修生に産業動物獣医療の現場や家畜衛生の実際についていろいろなことを教えてもらった、とても感謝している、と佐藤はいう。あたりまえであるが、歳をとるにつれて研修生は同世代となり、最終的には子どものような年齢の獣医師ばかりになった。時が経つのは早い。

　佐藤が就職したころ、「男女共同参画」の概念は存在してはいたものの、実行されていたといえる状況ではなかった。「ある女性研究者の大先輩から『女性は男性の3倍働かないと認められないのよ』といわれました。でも私は3倍遊んでいました」という。多少は照れもあるのだろう。3倍とはいわないが、きっと2倍くらいは仕事をしていたに違いない。実際、当時は女性研究者の数は非常に少なく、佐藤もいろいろと苦労したらしい。後になって、どんな職場でもいろいろなトラブルやしがらみがあることを知る。どこでもとなりの芝生は青く見えるものである。

　さて、研究の話である。佐藤は入所直後から、そのころ問題になっていた牛の小型ピロプラズマ病に関するプロジェクト研究に参加した。家衛試にはさまざまな分野の研究者がいるので、一体となって研究を進めることができた。小型ピロプラズマ病とはタイレリア・オリエンタリス（*Theileria orientalis*）という原虫の感染によって起こる牛の病気で、フタトゲチマダニなどのダニによって媒介される。感染発症牛は発熱、貧血、発育停滞などの症状を示す。この原虫の生活環は、牛の赤血球に寄生するメロゾイトとダニの唾液腺内に形成されるスポロゾイトという2つのステージしか知られていなかったが、このプロジェクトにより、牛のリンパ節や肝臓などにシゾントが形成されることが明らかとなった。「メロゾイト」「スポロゾイト」「シゾント」というのは、いずれ

も原虫の生活環における細胞形態である。そして、この小型ピロプラズマ病の牛におけるシゾントの発見が佐藤の博士論文となった。さらに、佐藤が明らかにしたタイレリア・オリエンタリスの生活環は獣医寄生虫学の教科書にも記載された。

　1994 年から 2 年半は研究から離れ、企画連絡室研究交流科に所属した。この部署では都道府県の家畜保健衛生所の職員に対する各種研修の企画、国際協力プロジェクトなどの運営を担当した。研究業務から企画支援業務への大転身である。研究と教育を行っていればよい大学とは大いに違う。家畜保健衛生所からの研修生は研修期間中、研修宿泊棟で寝起きするが、ほかの部屋が空いていても二人部屋に入れられ、とくに長期間にわたるとかなりきついという話をいつも聞いていた。佐藤は担当部署にかけ合い、空いていれば二人部屋を一人で使うことができるように変更させた。このようなお役所的な決まりごとはどこにでもあるが、あきらめずに要望を出し続けることで、事態が好転する。なにごとも忍耐は大事だ。

　1997 年には 3 カ月間、国際協力事業団（現・国際協力機構；JICA）の家畜衛生に関するプロジェクトの遂行のためタイに赴任した。首都バンコクの家畜衛生研究所に加えて、ランパン（北部）、コンケン（東北部）、ツンソン（南部）の各地域センターにもそれぞれ 1 週間ずつ滞在した。当時のタイはまだ衛生環境が悪かった。佐藤はコンタクトレンズを使っていたが、赴任後わずか数日で目やにが出て、結膜炎になってしまった。レンズを洗浄した水がよくなかったのだろう。薬局で抗生剤入り目薬を購入できたのですぐに治癒したが、その後 3 カ月間は眼鏡で過ごすことになった。また、停電や断水が四六時中あり、けっこうなストレスであった。週末にはバンコクの市場を訪問したが、食べものや衣料品はもちろん、ペットや食用の生きた野生動物まで、さまざまなものが売られていた。タガメ、カエル、大きなネズミの「開き」や、牛の胎子などもすべて食用である。これらの肉を焼いたり、揚げたりして供する食堂もすぐ横にある。食べ終わった皿は洗面器に張った濁った水でさっとすすぎ、すぐ次の客に使う。傍らでは闘鶏が行われており、舞い散った羽根や糞が食堂まで飛んでくる。昨今、アジアの野生動物市場における、ウイルス感染症の人への感染が問題になっているが、このようなところから感染が拡大するのだなと、佐藤は思ったそうだ。また、当時家衛試から派遣された専門家が定宿にしていた

ホテルはなぜか劣悪な環境の地域にあり、ホテルのまわりにはたくさんの物乞いがいた。ことほど左様に、佐藤にとって初めてのタイは気が滅入ることが多く、一緒に派遣された同僚とともに帰国までの日を指折り数え、毎日カレンダーの日付に「ばってん」をつけていた。それでも、南部の地域センターを訪問した際には、週末にサムイ島（コ・サムイ）というリゾート地に観光に行き、白い砂とエメラルドグリーンの海を堪能した。タイ料理も衛生的なレストランや食堂が見つかり、安心して楽しめるようになった。さらに、タイ人の国王に対する畏敬の念、敬虔な仏教徒としての寺院などでの振る舞いには目を見張るものがあり、こうした「厚い信仰心」がタイ人の精神を支えているのだと感銘を受けた。赴任当初は早く帰国したいと、毎日祈りながら過ごしていたが、そのうち環境にも慣れ、後々考えると非常に楽しい滞在であったという。

　タイでのおもな業務は、「免疫組織化学染色」などを用いた家畜疾病診断技術の伝達であった。「免疫組織化学染色」とは病原体と反応する抗体を用いて、顕微鏡標本上で病原体の存在を可視化する技術である。当時はタイでも豚流行性下痢（Porcine Epidemic Diarrhea; PED）が流行り始めており、家衛試で作製された診断用 PED ウイルス抗血清を用いて連日診断を行った。また、日本ではすでに発生がなく見ることができない病気として、ブルセラ感染牛の精巣標本を観察させてもらったり、トリヒナに感染した豚の解剖に立ち会ったりなど、日本では経験できないさまざまな疾病の観察もできた。ちなみに、ブルセラは細菌、トリヒナは寄生虫である。北部診断センターの近くにあるランパン・ゾウ保護センターでは、業務を手伝ってくれたタイ人の研究者が日常的にゾウの健康チェックをしており、ゾウの耳からの採血にも立ち会うことができた。

　2012 年ごろから日本の動衛研とタイの National Institute of Animal Health（NIAH）は研究交流会を行っている。双方十数名の研究者が 1 年おきに行き来し、シンポジウムなどの場で研究成果を発表し交流を続けている。これは、「タイの NIAH は日本の動衛研のおかげで発展し 30 周年を迎えることができた。JICA のプロジェクトは終了したが、今後も活発に研究交流を行っていきたい」というタイ NIAH 上層部の意向を受けて始まったものである。佐藤も日本側の代表としてこの研究交流会に参加するため、2017 年に約 20 年ぶりにバンコクを訪れた。前年にプミポン国王が逝去し 1 年間喪に服している最中で、

皆、喪章をつけての参加であった。20 年ぶりに見たタイの発展はほんとうに
めざましく、佐藤は驚愕した。赴任していた 1997 年には工事中だった高架鉄
道や高速道路が完成し、いずれも重要な交通手段になっていた。今やタイは経
済的に大いに発展し、家畜疾病診断に関する JICA のプロジェクトも継続はな
くなった。佐藤がタイに赴任したころにはまだ駆け出しであったカウンターパ
ートの女性研究者も地位が上がり、経済的にも恵まれているようだ。タイを含
む東南アジアでは女性研究者が比較的多い。大学の教員や研究所の研究員も日
本に比べて女性比率が高い。また、女性が大学の学部長などの要職に就任して
いることもまれではない。研究者は研究室で論文を書くことに終始し、実験や
解剖などの業務は専門の技術者が行っている。仕事の役割分担や上下関係が明
確なのである。この傾向は欧米でも同様である。わが国でも戦後の高度経済成
長期まではこうした役割の分担が普通であった。さまざまな仕事を一人で遂行
しなければならない現代の日本の研究者、とくに大学の教員は悲惨である。あ
まり実情を述べすぎると、大学教員を目指す若手がいなくなるので、この程度
にしておこう。大学の教員、研究者が安心して研究できる程度の経費を国が保
証しなければならない。

　さて、話を佐藤に戻そう。1998 年から 2008 年の 10 年半は鹿児島市にある
家衛試九州支場（途中で動衛研九州支所に名称変更）に赴任した。地方の支場
では科学文献が入手しづらく研究費も限られていたため、積極的に赴任を希望
する者は少なかったが、このころからは文献もインターネットで容易に入手で
き、プロジェクトに参画すれば潤沢な研究費も期待できたことから、ひとたび
支場に赴任すると、なかなかつくば市の本所には戻ってこない、すなわち長期
間赴任する人が増えてきた。さらに、本所に比べると組織が小さいため、雑用
が少ないなどの大きなメリットもあり、じっくり研究するにはもってこいの環
境であった。

　2000 年に宮崎県で口蹄疫が発生した。口蹄疫は牛、山羊、羊、豚など偶蹄
類に発生するウイルス感染症で、もちろん家畜伝染病に指定されている。おも
に口腔内と蹄に水疱やびらん（皮膚や粘膜の欠損病変）などの病変をつくる。
口蹄疫ウイルスは伝染力が強いため、あっという間に広がってしまう。感染動
物は飲食ができず、また立っていることもできず、衰弱することから、経済的
なダメージが大きい。わが国では 92 年ぶりの発生であった。家衛試九州支場

からは2名の研究者が宮崎の発生現場に入り、対応に従事した。当時はまだ携帯電話があまり普及しておらず、現地の2名はいつ戻ってくるかわからない。佐藤をはじめ支場に残った研究者はもちろん事務系の人たちも皆心配し、週末も出勤して全員で待機していた。彼らは数日後の夜8時過ぎにようやく支場に帰ってきた。家畜防疫の最前線で活躍している担当者には、あらためて頭が下がる。さらに、2004年には鹿児島県で豚コレラ（2020年に家畜伝染病予防法が改定され、名称が「豚熱」に変更された）の疑似患畜が発生した。九州支所ではこれを機に、養豚場における衛生対策を見直し、事故率を低減させるためのプロジェクトを立ち上げた。佐藤も発生地に近い数軒の養豚農場に入り、検査や研究材料の採取などを行った。佐藤が野外で発生する疾病と対峙したのは、じつはこのときが初めてであった。つくば市の本所では現場を経験する機会が少ない。「鹿児島ではほんとうにたくさんのことを学ばせていただきました」としきりに感謝していた。ある時期にある期間を現場で過ごすということは、どんな職業でも大事なのだとつくづく思う。

　さて、1998年7月に石川県の畜産試験場で世界初の体細胞クローン牛が誕生した。その後、クローン牛を世界でもっとも多数頭生産したのは、鹿児島県肉用牛改良研究所であった。体細胞クローン牛とは、成熟牛の体細胞（卵や精子以外の細胞）から取り出した細胞核を、核を取り除いた未受精卵に移植して母体の子宮内に戻すことにより新しい個体を作製する技術である（厚生労働省のホームページによる）。すなわち、子個体の遺伝子は細胞核提供親個体の遺伝子とまったく同じになる。牛肉や牛乳を生産するうえで効率化が期待される一方で、体細胞クローン牛肉の安全性に関しての懸念もある。「体細胞クローン牛については、従来の技術により産出された牛にはない特有の要因によって食品の安全性が損なわれるとは考えがたい」とする研究結果がとりまとめられているものの、じつは体細胞クローン牛では流産死産が多く発生していた。その理由を明らかにするため、肉用牛改良研究所と家衛試九州支場とが共同研究を行うことになった。佐藤はこのプロジェクトの担当になり、支場から約80km離れた大隅町（現・曽於市）にある肉用牛改良研究所や国分市にある鹿児島県畜産試験場に足繁く通った。出産予定時間までに現場に行き待機していたが、実際に出産は真夜中のことが多かった。流産死産のクローン子牛を解剖してようやく明け方近くに支場に戻ってくると建物は真っ暗で、南国鹿児島でも

とくに冬場は木枯らしが吹いてじつにさみしい思いをしたそうだ。この共同研究の結果、クローン牛の流産死産は胎盤などの異常によって起こることが解明された。また、それらの異常はクローン牛の子孫には見られないことも明らかになった。クローン牛に関連した研究がきっかけとなり、佐藤は国際胚移植学会（International Embryo Technology Society; IETS）の健康安全委員会委員に指名された。この委員会は数名の委員で構成され、日本からは佐藤のみが参画した。健康安全委員会は、胚（すなわち受精卵）の輸入入を行う際の衛生条件を検討するための委員会で、国際獣疫事務局（OIE）の陸生動物衛生規約（Terrestrial Animal Health Code）を定める際に重要な条件の検討を行う。この委員会は毎年開催される IETS 国際学術集会の際に開かれるが、佐藤はこれにも数回参加した。

　佐藤は 2008 年 10 月に、鹿児島の動衛研九州支所からつくば市の本所に戻った。当時、マスコミ対応の重要性が検討され始めていたことから、その対応を行う疫学情報室長に着任した。2010 年に宮崎県で口蹄疫が発生した際には、メディアや一般の方から毎日 10 件以上もの問い合せがあり、その対応に追われた。さらに、農林水産省のレギュラトリーサイエンス事業「薬剤耐性菌の全国調査に関するプロトコールの開発（以下、AMR プロジェクト）」における調査プロトコール（手順）の見直しにも着手した。その後、世界的に大きな問題となる薬剤耐性（Antimicrobial Resistance; AMR）とは、病原細菌がある抗菌剤に対する耐性を獲得し薬剤が効かなくなることで、細菌感染症の切り札とされていた抗菌剤の無分別な使用について再考する必要性が生じていた。日本では、やはり農林水産省の機関である動物医薬品検査所が都道府県の協力を得てモニタリングを行っていたが、これを機会にその手順を見直そうという企画であった。

　佐藤は AMR プロジェクトに関連する業務のため、2012 年にパリにある国際獣疫事務局（OIE）の本部を初めて訪問した。そして、その 2 年後に OIE は AMR に関するアドホック（ad hoc）委員会（当初の目的は抗菌剤の使用量に関する世界規模のデータ収集法の検討）を設立し、メンバーとして佐藤に白羽の矢が立った。農林水産省動物衛生課長の推薦もあり、動衛研としても佐藤を推薦することになった。この AMR に関するアドホック委員会の構成は、アメリカ、カナダ、フランス、イギリス、EMA（European Medicines Agency）、

ナミビア、日本からそれぞれ一人ずつとオブザーバーとして WHO と FAO から一人ずつであった。アジアからの参加は佐藤のみであった。この会議は、その後、年に 2 回ずつ開かれ、解散する 2019 年 1 月までに合計 11 回開催された。佐藤はその都度パリの OIE 本部に派遣された。この間、佐藤はじつに多くの海外研究者と親しくなった。国際学会や海外の学術集会に参加すると、多くの海外の研究者と知り合いになれる。また、海外では同胞感のようなものが生まれ、国内の学会では話すことを躊躇するような日本人の大物研究者とも食事を一緒にしたり、観光に出かけたりすることもある。もちろん気楽に議論もできる。帰国後も親しくしてもらえる。これらは海外学会に参加することの大きなメリットであろう。

　佐藤は 2014 年には病態研究領域長に就任し、動衛研内の研究管理、研究者の業績評価などに従事した。また、「AI を活用した呼吸器病・消化器病・周産期疾病の早期発見技術の開発」というプロジェクトの研究代表も務めた。まさに八面六臂の活躍である。このプロジェクトは、①センサとセンシング技術、②疾病の早期発見技術の開発、③クラウドシステムの構築と統合的な解析手法の開発、という 3 つの課題から構成されている。体表温センサ、ルーメン（牛の第一胃）センサ、脈波センサ、豚の音声センサなどで集めたデータを、クラウド上で統合、人工知能（Artificial Intelligence; AI）によって解析して、ユーザーにわかりやすく提示するシステムの開発を目指すものである。牛の呼吸器病、消化器病、周産期疾病および豚の呼吸器病をターゲットとして、このシステムを用いて疾病を早期発見し、経済的損失の低減を目指す。今や産業動物生産や疾病予防の分野にも AI が導入されている。

獣医師を目指す中高生、獣医大学学生へ——佐藤からのメッセージ

　研究者に向いている人と不向きの人がいます。「勉強のできる人」が必ずしも「優れた研究者」になるわけではありません。向いている人、すなわちほんとうに研究を目指す人には、もちろん才能は必要ですが、加えて研究に対する強い情熱も欠かせません。このような人材が研究職に進むと、すばらしい研究成果が期待されます。望みが叶って研究職に就職できた場合でも、大学や大学院で行った研究内容に対する思い入れは潔く捨てるべきです。就職してからの研究は、学生時代に行った研究とは内容もさることながら、目的もまったく異

なります。このことは学生時代から明確に意識しておいたほうがよいと考えます。実際、就職してからも学生時代の研究を継続できるのではないかと錯覚している人が多いのですが、お金をもらって行う研究は、授業料を払って行う研究とはまったく違います。

パリの OIE 本部で AMR アドホック委員会のメンバーと。前列左から 2 番目が佐藤。

　よき指導者にめぐり会うことで研究者としての成長はそれなりに見込めますが、けっきょくは本人の資質が肝心です。独力ですばらしい研究者になった人もいれば、優れた指導者に師事したにもかかわらず残念な結果に終わった人もいます。よい研究ができなかったことを他人のせいにしてはいけません。また、昨今は女性研究者に対してのさまざまな優遇措置が充実してきています。それらの制度を利用することは当然の権利であり、積極的に利用すべきであると思うのですが、その恩恵を受けることについて感謝する気持ちを忘れてはいけないと思います。獣医師免許を持っていると、ほんとうにいろいろな職業に就くことができ、転職も比較的容易です。女性であっても同様です。私自身は研究職には向いていなかったのですが、大学卒業後、動物衛生研究所というひとつの職場に奉職し、定年まで全うできたことに満足しています。35 年もの間支えてくれたすべての方々に心から感謝しています。

11 国際機関の獣医師
── 釘田博文 (くぎた・ひろふみ)

　国際獣疫事務局は 1924 年に設立された政府間国際機関である。設立時のフランス語名 L'Office international des épizooties の頭文字から「OIE」と略称されていたが、2022 年 5 月に英語名の World Organization for Animal Health（WOAH）を主に用いることになった。本書では慣れ親しんだ「OIE」を一貫して用いることにしている。OIE は、当時ヨーロッパ大陸に蔓延した致死的な牛のウイルス感染症である牛疫に対する国を超えた対策の必要性が契機となって設立され、現在は 182 の国・地域が加盟する。本部はフランス・パリにあり、加えて 5 つの地域事務所と 8 つの準地域事務所を擁する。OIE アジア太平洋地域事務所は東京都文京区の東京大学弥生キャンパス内にあり、アジア太平洋地域の 32 カ国を対象に活動している。OIE の目的は、①世界で発生している動物疾病に関する情報を収集、提供すること、②獣医学的科学情報を収集、分析および普及すること、③動物疾病の制圧および根絶に向けて技術的支援や助言を行うこと、④動物および動物由来製品の国際貿易に関する衛生基準を策定すること、⑤各国獣医組織の法制度および人的資源を向上させること、そして⑥動物由来食品の安全性を確保し、科学にもとづきアニマルウェルフェアを向上させること、である。口蹄疫、豚熱、小反芻獣疫など国境を越えて広がる動物感染症への対策が伝統的かつ最重要な任務であるが、狂犬病やインフルエンザなどの人獣共通感染症や薬剤耐性菌問題など人と動物に共通する健康問題にも取り組んでおり、One Health（「はじめに」、第 4 章、「おわりに」などを参照）の分野における OIE の役割は近年ますます重要になっている。釘田博文はこの OIE アジア太平洋地域事務所の代表である。

　釘田の実家は鹿児島県鹿屋市で競走馬の生産牧場を営んでいた。鹿児島は、戦前は重要な軍馬の生産地であり、戦後は農耕馬、その後は競走馬に転換しつつも馬の生産がさかんな土地柄であった。鹿屋市には昭和の初めに競馬場が設置され、戦時中の休止を経て断続的ではあるが、昭和 37（1962）年まで競馬

が開催されていた。釘田も父親に連れられ、レースに出走した実家の生産馬を応援した記憶があるそうだ。父親は、初めは畑作との複合経営を行っていたが、競馬の隆盛にともない軽種馬の生産を拡大し、馬の生産を専業とした。軽種馬とは、アラブやサラブレッドなど比較的体重が軽い（400〜500 kg）馬の品種をいい、おもに競走馬、乗用馬として使われる。これに対しブルトン、ペルシュロンなど体重が重い（800 kg〜）品種は重種馬と呼ぶ。重種馬は馬車の牽引や農耕に使われる（第 3 章で述べたように、北海道帯広市では重種馬によるばんえい競馬が行われている）。当初、釘田家で生産していたのは暑さに強いアングロアラブであったが、後にサラブレッドに切り替えた。最盛期には繁殖牝馬（雌馬）十数頭と当歳（0 歳）および 1 歳の育成馬とで合計 30 頭もの馬を飼育していた。釘田にとって馬は家族同然だった。飼葉つけや厩舎掃除の手伝いは子どものころの日課であり、中学生、高校生のときは厩舎の 2 階で寝起きした。深夜に階下で産気づいた馬に気づき、父親に知らせにいったことが何度もあった。そのころ、地元には馬を診察する獣医師が 2 名いて、どちらか都合のよいほうが診察にきてくれた。釘田にとって獣医師との最初の出会いである。

　競走馬の生産は、産駒の成績に大きく影響され、多大なリスクをともなう。また、血統が重視され、資金力と経験・技術がものをいう。当時、国産競走馬のレベルは欧米に大きく後れをとっていた。国内の生産者にとって、近い将来やってくる競走馬の輸入自由化は大きな脅威であり、同時に国産馬の能力向上は切実な課題であった。釘田の父親も、1970 年に経営の命運を懸けてアイルランドから牝馬を輸入した。釘田はこの芦毛の牝馬が到着したときの興奮と驚きを今も覚えている。父親は、その後、馬主資格も取得し、オーナーブリーダーとして、中央競馬、地方競馬に生産馬を送り出した。生産馬が出走するレースの際には、テレビやラジオにかじりつき家族総出で応援したそうだ。競馬産業は、バブル崩壊後規模を縮小し、競馬場の数も生産馬頭数も大きく減った。釘田家の軽種馬生産は兄が後を継いだが、残念ながらその後、廃業を余儀なくされた。後述するが、釘田は農林水産省に就職後、北海道の十勝種畜牧場（現・家畜改良センター十勝牧場）でアラブや重種馬の繁殖育成に携わり、また日本中央競馬会（JRA）にも 2 年間出向した。幼少期に直接馬に触れ合った者として、馬に関わる多様な仕事ができたことは大きな喜びであったが、一方で、日本では乗馬など馬と親しむ機会が非常に限られていることを残念に思っ

ている。

　これまでの章でも述べてきたように、多くの獣医師が公務員として働いている。公務員獣医師といってもその業務は多岐にわたるが、大きく分けると動物衛生分野、公衆衛生分野、野生動物・愛玩動物分野がある。国家公務員を例とすると、動物衛生分野は家畜の衛生管理と安全な畜産物生産を目的として主に農林水産省が、公衆衛生分野は畜産物の加工・流通段階での安全確保や人獣共通感染症対策を目的として厚生労働省が、そして野生動物・愛玩動物分野は野生動物の保護や動物の愛護・福祉などを目的として環境省が、それぞれ管轄している。また、それぞれに研究分野と行政分野とがあり、前者では農研機構、後者では東京都心の各省庁や地方の出先機関などが勤務先となる。仕事の内容、求められる獣医師としての知識・素養などは機関により異なるが、とくに行政分野では、数年ごとにポストや勤務地の異動が多く、他政府機関や民間に出向することもある。

　さて、行政分野の公務員獣医師として農林水産省に長年勤務した釘田のキャリアパスを概説するが、前提として公務員の採用・育成・業務などは時代により変化しており、今後も当然変わりえることを理解してほしい。釘田は1978年3月に大学を卒業し（当時の獣医学部教育は4年制）、獣医師国家試験に合格して獣医師資格を取得、4月には霞が関の農林省（同年8月に農林水産省に改称）に入省した。学生時代に、たまたま教授から農林省に勤務する先輩を紹介されたことが国家公務員を目指すきっかけとなった。大畜産地帯である鹿児島県大隅半島の出身者として、畜産行政に対する関心はもちろん強かった。以後、農林水産省に籍を置いた37年間に、地方勤務、海外勤務、関係団体への出向など、さまざまな職場を体験した。農林水産省の仕事は、中央官庁のなかでは際立って現場重視であり、全国に多くの出先機関を有している。本省の業務では他省庁との調整や折衝はもちろんのこと、国会議員、農業団体などへの説明、意見交換の機会も多い。釘田が就職した当時の畜産・獣医系国家公務員には、人事院が採用を行う職種別の国家公務員上級職として「畜産職」と、農林省が独自に採用を行う「獣医職」があった。釘田は、「畜産職」での採用であったため、勤務はおもに畜産行政分野であった。ちなみに国家公務員上級職は現在の「総合職」に相当する。

　公務員1年目は、見習い丁稚奉公よろしく、朝は職場の掃除、昼間は文書の

清書、複写（ワープロもコピー機もない時代だった）、使い走り、勤務時間後もほとんど毎日居残りで、国会対応や予算作業に明け暮れる先輩たちの手伝い、帰宅は終電ということもめずらしくなかった。体力的にはたいへんであったが、それでも大所高所からの議論が展開される職場の様子や、職場を代表して出席する会議などの雰囲気を経験し、国家の仕事の一端を担っているという高揚感・充実感のほうが大きかった。2 年目は、北海道音更町にある農林水産省十勝種畜牧場に異動となった。総面積約 4200 ha の広大な牧場で、4 年間、肉用牛（黒毛和種、ヘレフォード、アンガスなど）、農用馬（ブルトン、ペルシュロンなど）の繁殖と改良に取り組んだ。人工授精や当時はまだ先端技術であった受精卵移植などの繁殖技術を実際に習得し、「直接検定」「後代検定」など家畜の育種改良の理論と実際を体験できた。また、広大な北海道の自然と農業、畜産に触れることもできた。長い公務員生活のごく一部であったが、北海道での勤務は釘田がその後、獣医・畜産分野の技術者として仕事をするうえで大事な礎になった。

　その後の釘田の職場の大半は、霞が関の農林水産省本省の畜産関係部局であった。とくに酪農・乳業関係の業務に深く関わった。多くの国で、酪農政策は農業政策のなかでもとくに重要な位置を占めており、また生乳生産の特性からどの国でも複雑で緻密な政策体系が採用されている。酪農の生産性向上、酪農家の所得確保、需要に応じた生産、乳業と酪農の利害調整、生乳生産者団体の合理化、そして国際競争力の強化、輸出国との交渉など、どれをとっても農政の基幹的な課題と表裏一体といえるものであった。政策のひとつひとつが実際に現場におよぼす影響を直接見て体感できるという意味で、やり甲斐がある一方、それだけ責任の重い業務であった。酪農を軸に据えつつ多くの関係者と議論を交わしながら政策づくりやその推進に関わった期間は、釘田の半生でもたいへん充実した時期であった。

　海外との交渉も当時の重要な業務であったが、やりとりは当然英語になる。英語はけっして得意ではなく特別な素養があるわけでもないが、海外志向だけは強かった、と本人は述べている。その甲斐あって、1985 年に北米での半年間の研修、1993 年からはベルギーで 2 年余の駐在員勤務を経験した。国内でも国際協力事業団（現・国際協力機構；JICA）や FAO などの国際機関に関連する業務に従事し、海外出張の機会も多かった。望んだ仕事であり、やり甲

斐もあったが、自らの語学力不足はいつも痛感していたという。英会話学校に通ったりラジオの講座を聞いたり、それなりに努力もしたそうだ。しかし、「最後は場数を多く踏むしかない」と釘田はいう。

　2001年9月、わが国で牛海綿状脳症（Bovine Spongiform Encephalopathy; BSE）が初めて確認され、日本の畜産業界は大きなパニックに陥った。BSEはプリオンという伝達性の異常タンパク質によって起こる牛の脳疾患で、神経細胞が変性し、刺激に対する過敏な反応、痙攣、運動障害を呈し、死に至る病気である。牛の脳には正常プリオンが存在するが、牛が異常プリオンを含む加工乳などの飼料を摂取することで、異常プリオンと接触した正常プリオンが異常化し発症する。細菌感染症やウイルス感染症など、これまでの感染症とはまったく異なるメカニズムで広がっていく。BSEの発生起源となったイギリスでは、一時期年間3万頭以上もの牛でBSEの発生が確認され、徐々にヨーロッパ大陸にも広がった。同時に人への感染の可能性も浮上し、世界的な脅威となった。

　わが国でも、BSEの発生後、牛肉の安全性が大きな問題となり、「食の安全・安心」を求める社会的要求が高まった。このような状況に対応して、農林水産省では組織の見直しが行われ、内閣府には新たに「食品安全委員会」が設置された。さらに、2003年の暮れにはアメリカでもBSEの発生が確認され、アメリカからの牛肉の輸入が停止した。日本は当時牛肉輸入の大半をアメリカに頼っていたため、輸入の停止により供給不足となった。消費者は牛肉を敬遠し、代わりに豚肉がもてはやされた。このとき、釘田は初めて動物衛生行政に携わることになった。動物衛生の経験ではなく、国際関係業務の経験が買われた人事だった。実際に釘田は、アメリカ産牛肉の輸入停止措置の発動から解禁に至るまで、約2年間にわたりアメリカ政府との交渉、国内でのリスク分析やさまざまな行政手続き、国民の理解醸成などに一貫して携わった。加えて、この間に国内で79年ぶりとなる鳥インフルエンザも発生し、その対応にも奔走した。食品安全委員会の設立により、農林水産省が担当する動物衛生と厚生労働省が担当する人の健康に関する情報が、政府全体で共有され、連携が大いに進んだ時期でもあった。まさしく、One Healthの実践である。釘田の公務員生活のなかでもっとも忙しく、また重い責任を担った時期であった。とにかく無我夢中であったが、一方で特別な感慨もあると釘田は振り返る。動物衛生課

の勤務は 3 年足らずと短かったが、その間、日本政府代表として、OIE で動物衛生の国際基準設定プロセスにも関わった。約 10 年後に OIE に職員として勤務することになるとは、当時は思いもよらなかったそうだ。

　さて、国家公務員獣医師のキャリアパスについて、釘田に自身の経験にもとづいたコメントを求めたところ、以下の回答があった。

○異動や転勤が多い。本省勤務の場合、2、3 年ごとに異動する。地方勤務も経験することがある。最近では、留学を含む研修制度が充実してきている。
○獣医師として採用されたからといって、獣医学的知識を活用できる業務に従事するとは限らない。本人の希望や意志にもよるが、獣医師資格とまったく関係のない職場に配置されることもありえる。むしろ本人の適性、能力、努力が大きく影響する。一方で、動物検疫所、動物医薬品検査所などのように、獣医師でなければ就けないポストもある。いかなる職務に従事しようと、自分の専門分野や技術的基盤をしっかりと持ち研鑽を続けることは、大きな力になる。
○現場を知り、現場に通じることは非常に重要である。中央官庁の公務員の場合、通常の業務は現場から離れがちである。自分の仕事がどのように現場に影響するか、たんに考えをめぐらすだけでなく、実際に見聞する努力が必要である。
○コミュニケーション能力、情報発信能力、調整能力はいかなる職業でも重要であるが、公務員獣医師の場合、リスクコミュニケーションは必須と考えなければならない。客観的な事実や科学にもとづいて、一般人に対してわかりやすく説得力のある話ができることは重要な資質である。
○公務員獣医師が関わる可能性が高い業務として防疫と貿易があるが、いずれも外国との折衝をともなう。英語でのコミュニケーション能力はとくに重要である。多くの国で獣医学教育は英語で行われており、英語を母国語としないアジア、アフリカ、中南米の国でも英語が堪能な獣医師が多い（筆者注：これらの国では使用言語で書かれた教科書がなく、獣医大学では英語の教科書を用いている。日本では日本語で書かれた優れた教科書が多数出版され、獣医学生は日本語の教科書を使って勉強している。日本人獣医師の英語力の問題はこのことが一因かもしれない）。日本でも、獣医学生の英語力の向上と国際舞台で物怖じせずに活躍できる獣医師の育成を期待したい。

○公務員獣医師として働く場合のキーワードは、やはり「One Health」であろう。これは多分野連携、とくに人と動物と環境、それぞれの専門家の連携の重要性を意味しており、獣医師はそのいずれの分野でも欠かせない。分野間の垣根を低くし、専門家どうしの連携強化を図ることは今後も強く求められるだろう。獣医師の世界は狭いので、人脈が容易につながる。これは連携強化における大きなメリットである。

○雇用における男女の機会・待遇均等がいわれて久しいが、わが国の公務員の世界ではまだまだ遅れているようだ。そのなかで、公務員獣医師における女性の活躍機会の多さは特筆すべきだと思う。獣医学生の過半数を女性が占めるのは日本だけではなく世界全体の傾向であり、外国の獣医行政当局における女性の活躍はめざましい。公務員は女性にとっても働きやすい職業なので、日本でも今後、女性の公務員獣医師が活躍する機会はさらに増えるであろう。

　先に述べたように、釘田は農林水産省動物衛生課長在任中に OIE の日本政府代表を務めた。これがきっかけとなり、2013 年には農林水産省からの派遣の形で、OIE アジア太平洋地域事務所代表に就任した。日本に OIE の地域事務所が最初に置かれたのは 1992 年で、FAO と OIE の両本部に勤務した故・小澤義博氏が初代代表を務めた。日本政府の支援を受けてしだいに活動を強化し、2021 年時点で、獣医師職員 8 名（うち外国人 5 名）と秘書 3 名を擁し、アジア地域各国への情報提供、技術支援を積極的に展開している。また、地域事務所では、日本国内だけでなく海外からも獣医学生のインターンを受け入れている。日本で開催する国際会議に合わせた 5 日間のコースのほか、数カ月、1 年間など、インターン生の希望や事務所活動とのマッチングをふまえて、柔軟に対応している。近年 OIE の活動範囲は拡大しており、とくに人獣共通感染症対策や薬剤耐性菌対策に関しては、One Health の考え方のもと、国際連合食糧農業機関（Food and Agriculture Organization of the United Nations; FAO）および世界保健機関（World Health Organization; WHO）と協力協定を交わし、密接な連携を図っている。最近では、新型コロナウイルス感染症の世界的蔓延を経験したことで、国際社会における OIE の役割、獣医師の役割はさらに重要性を高めている。

　国際機関のなかで、FAO と OIE には多くの獣医師が勤務しており、WHO

にも少数の獣医師が勤務している。国際機関で働く獣医師のキャリアパスはさまざまである。OIE の場合、各国政府機関での勤務を経て出向、転籍する者が多いが、研究機関や民間団体から採用された者も多い。一般募集も行っており、書類選考と面接を経て採用が決まる。語学（英語は必須、さらにほかの外国語があれば有利）、当該分野の専門知識および国際的な活動の経験が採用の大きなポイントになる。OIE は各国の獣医当局を相手とする活動が多いため政府関係の経験者が多いのに対し、FAO ではより現場に近い活動が多いことから多様な経歴を持つ人材が多い。残念ながら、現状ではこうした国際機関に勤務する日本人獣医師の数は非常に少なく、日本の国際的な地位や評価、他分野における日本人の国際貢献などと比較して大きく見劣りする。国際的に活躍する獣医師は、なにも国際機関の職員だけではない。JICA などの国内の海外援助機関や非政府組織（NGO）、海外の獣医大学や研究所、外資系製薬企業などで活躍している日本人獣医師もいる。日本人獣医師の国際的な活躍機会の拡大は、もちろん一朝一夕にできることではない。英語での授業、海外インターンシップの必修化など、獣医学教育システムの国際化を進めることも必須である。志のある若者は、ある程度長い目で自らのキャリアパスを考え、志に向かって研鑽を重ねてほしい。釘田の、そして私の共通した思いである。

獣医師を目指す中高生、獣医大学学生へ——釘田からのメッセージ

　人に病気を引き起こす病原体の 60% は、家畜や野生生物に由来します。また、近年新たに出現した人の病原体もその 75% は動物由来です。貿易のグローバル化、人の行動の変化、地球温暖化などにともない、感染症の発生・蔓延など私たちの健康リスクが高まっています。このような地球規模の健康リスクを適切に管理するためには、人、動

OIE アジア太平洋地域代表として活躍する釘田。30 以上のアジア地域加盟国を対象とし、さまざまなワークショップ、トレーニング、政策協議などの活動を行っている。

物、環境の相互依存性を認識し、それぞれの分野の専門家が緊密に協力して問題の解決に取り組む「One Health アプローチ」が必要です。そして、その取り組みには獣医師の存在が不可欠なのです。一人でも多くの日本人獣医師が、国際的な One Health の取り組みに参加・貢献し、活躍することを期待しています。また、これから獣医師を目指す皆さんも、こうした取り組みの存在を知り、将来の仕事の選択肢のひとつとして加えていただけると、このうえない幸せです。

12 食品の安全・安心を守る
── 吉田緑（よしだ・みどり）

　昭和30年代の東京の郊外はまだまだ田舎の風情であった。今ではマンションや家が建ち並ぶ世田谷区も、当時は木々が生い茂り田畑が広がる風景が普通で、子どもたちは外でどろんこになって遊び回っていたらしい。「らしい」と書いたのは、私が地方の出身で当時の東京のことをよく知らないからである。小学校に入学する前に一度だけ上京したことがある。今でこそ新幹線を使えば2時間ほどで東京駅に到着できるが、当時は夜行列車で8時間ほどかかった。空が白みかけたころ到着した赤羽駅の情景を今でもなんとなく覚えている。家並みも平屋が多く、完成したばかりの東京タワーが遠くからもくっきりと見えた。世田谷のあたりがのんびりとした田舎の風情であったこともうなずける。吉田緑は、そんな東京都世田谷区で生まれ、育った。吉田の幼いころの記憶に動物は登場せず、ほとんどが食べものにまつわる情景だという。ようやく電気冷蔵庫が普及し始めたころで、性能はまだまだ不十分、ときどき故障していた。子どもが寝た後に帰宅する酔った父親がたまに寿司を買ってきたが、翌朝目を覚ますと常温でも保存が効く卵とかんぴょう巻しか残っておらず、経木の箱の隙間が恨めしかった。まれに食卓に上る肉団子やハンバーグも、食中毒を避けるため十分に加熱したので硬かった。それでも動物は好きだったようだ。小学校の入学祝いにチャボのつがいをもらった。入学祝いにチャボとは、やはり時代を反映しているのであろうか。「今考えると信じられないのですが、狭い庭に鳥小屋をつくってもらい、一時20羽ぐらいいました」と吉田は当時をなつかしむ。最後の一羽が死んだときはすでに大学生になっていた。チャボのおかげで動物を飼うことの楽しさを知った。となると、犬も飼ってみたくなった。ところが、当時はジステンパーやフィラリア感染のため長生きできる犬は少なく、別れのつらさを思うとあきらめざるをえなかった。

　チャボに加えて小鳥も飼育していたので、生きものは丁寧にきちんと世話をしないと体調が悪化し、ときには死んでしまうことを体験した。高校生になっ

ても、食べることは相変わらず、動物の飼育も大好きであったが、獣医師になりたいという気持ちはそれほど強くなかった。大学受験に際し、獣医学科を選んだ理由はきわめて単純で、ただ物理と数学がまったくできず、ほかの学部・学科を受験するという選択肢がなかったからである。十把一絡げで「理系」というが、同じ理系でも生物系を志す者は数学や物理が苦手である場合が多い。進路決定の参考になるような本を書いておきながらまことに恐縮だが、進路は本人の思いとは無関係の要因によって決まることがある。それでも選んだ職業を一生続け、満足して退職できることも多い。運を天に任せる、ケセラセラ、Let it be も捨てたものではない。

　東京生まれ、東京育ちの吉田は高校卒業後、地方大学の獣医学科に入学し、生まれて初めて家を出た。下宿先は大学から少し離れた禅寺で、父親の知り合いであった。50名から100名規模の座禅会が頻繁に行われ、寺の日常行事を手伝うことのほうが、初めて親元を離れて暮らすことよりも大きなカルチャーショックだった。「いくら父親の伝(つて)とはいえ、将来動物の殺生に関わることになる獣医学科の学生を、禅寺でよく受け入れてくれたと思っています」と吉田は述懐する。しかし、けっきょくは動物と人の健康を守り、命を救うのが獣医師なので、仏教の考え方とは矛盾するものではない。寺の住職が獣医師だったり、子息が獣医師を目指したりということもけっこうある。実際に、私の教え子のなかにも真宗の寺の子息がいて、休みを利用して京都の本山に修行に行っていた。寺でのさまざまな経験が、それ以降の吉田の考え方の芯をつくってくれた。また、寺には精進料理などおいしいものが多く、とくに粥(しゅく)とゴマの組み合せは絶品ということで、ついつい食べ過ぎて太ってしまったという。当時の獣医師養成課程（獣医学部、獣医学科）は4年制で、まだまだのんびりした雰囲気であった。当然、あまり勉強はしなかった。追試の該当者になっているのを知らず、当日ようやく気づいたというはずかしい記憶もある。それでも、夏休みを利用して千葉の牧場に搾乳を習いに行ったり、動物園の動物病院で実習をしたりと、獣医学科の学生らしいことも体験した。そのころは大動物の獣医師になりたいと漠然と思っていたが、特別の就職活動をするでもなく、集中的に大動物の勉強をするでもなく、けっきょくまじめに勉強したのは国家試験の直前であった。昔はそんなものだったかもしれない。

　吉田は、4年生のときに獣医病理学研究室の教授の紹介で、当時東京都小平

市にあった「残留農薬研究所」（現在は茨城県常総市水海道にある）という毒
性試験受託機関で実習を行った。設立まもない研究所は活気があり、実習生に
も分け隔てなく業務を担当させてくれた。それなのに、吉田には楽しく食べか
つ遊んだ記憶しか残っていない。食べることはとても重要であるが、実習の内
容くらい覚えていてほしい。そのころは現在のように熱心に就職活動をする時
代ではなかった。今思えばうらやましい限りである。大学の先生のとりなしで
就職が決定することも多かった。吉田も実習したことが有利に働き、修士号や
博士号も持っていないないのに、残留農薬研究所の毒性部で働くことが決まっ
た。同級生が、公務員、小動物臨床、大学院へと進路を決めていくなか、毒性
学の分野に就職したのは吉田ただ一人であった。

　一般財団法人残留農薬研究所（残農研）は、農薬などの化学物質の安全性試
験と調査研究を実施する機関で、農薬の登録申請に必要なさまざまな試験の受
託や登録申請の補佐業務（コンサルテーション）を行っている。農薬は「農薬
取締法」にしたがって、効果や安全性はもとより、残留基準や環境への影響に
ついても審査され、登録されねばならない。残農研はそのための試験を行う法
人である。1979 年 4 月、吉田は残農研に入所し、病理研究室に配属された。
実験動物に農薬を投与し、どのような毒性が出現するのかを病理学的に調べる
部門である。これこそが吉田が現在までずっと関わり続けている毒性病理学や
実験病理学との最初の出会いであった。学生時代にまじめに勉強していなかっ
たと吉田は謙遜するが、当時の病理研究室長が業務の合間をぬって生理学、組
織学、病理学の基本から応用までを丁寧に教えてくれた。また、先輩からは基
本的な病理診断技術、電子顕微鏡観察法などを教わった。大学の実習では単眼
の顕微鏡を使っていたが、残農研に就職して双眼の顕微鏡を初めて使った。視
野が大きく広がったときは感動し、自分も研究者の一員として活動を始めたと
思うとうれしかった。残農研の職員は皆若く、獣医師ばかりでなく薬学、化学、
農学など多彩な分野の研究者が在籍していた。同期入所の研究者と一緒にいつ
も楽しく仕事をすることができた。ある学会で初めて口頭発表する機会を与え
られたが、発表当日は極度に緊張してしまった。心臓をバクバクさせながらも
なんとか口演は終えたが、その後の単純な質問が理解できず回答できなかった。
「じつにくやしい記憶です」。吉田は今でもときどき思い出すらしい。学会発表
のデビュー戦は皆同じように緊張するのだろう。私の場合、今でも講演の直前

110

は緊張する。

　その後の吉田は結婚と子育てで生活が多忙になった。また、この時期に、乳酸菌飲料メーカーの中央研究所、動物繁殖研究所、佐々木研究所（後述）へと転職を重ねた。飲料メーカーには長男が生まれるまでの2年弱在籍した。研究室をまたいだ研究や勉強会がさかんで、皆熱心に議論していたのが印象的であった。自分の考えをほかの専門分野の研究者にもきちんと伝えることの重要性を学んだ。もうひとつ、社員食堂の昼食がとてもおいしかった。毎日食堂に長い列ができるので、午前中の勤務を少々早く切り上げ列に並んだ。「これは時効にさせてください」と吉田は口に人差し指をあてた。

　佐々木研究所は1882年に千代田区駿河台に創立した杏雲堂醫院を母体として1939年に財団法人として設立され、おもにがんについての実験的研究を行ってきたが、2006年に組織改革を行い、臨床に関連した研究へと舵を切った。現在は公益財団法人佐々木研究所の研究部門として、腫瘍ゲノム、腫瘍細胞およびペプチドミクスの3研究部からなる。また、杏雲堂病院は同法人の臨床部門になっている。吉田が入所したのは旧体制の1996年であった。病理部に配属され、前川昭彦病理部長（後に所長）から毒性病理学（後述）の手ほどきを受けた。着任早々、「なんでも好きな研究をしてごらん」といわれた。しかし、半年くらいはまったく研究テーマが思いつかず、研究費を一生懸命確保してくれた前川部長には申しわけなく、自分自身もきわめて情けなかった。恵まれた環境がよい研究成果を生み出すとは限らない。むしろ、劣悪な環境が梃^{てこ}になり、研究が進展することもある。吉田の場合、時間はかかったが、ついに「化学物質の発達期ばく露による実験的な子宮がん発生」という生涯続けられる研究テーマに出会うことができた。ちょうど内分泌攪乱化学物質による環境汚染と人体への影響が社会問題になったころであった。前川部長からは顕微鏡を観ながら病変の発生機序を考える大切さを徹底的に教えてもらった。

　吉田は、佐々木研究所に在職中の1996年12月に獣医学博士の学位を取得した。学位論文のテーマは「ムコ多糖症VI型ラットに関する研究」で、北海道大学獣医学部比較病理学研究室・板倉智敏教授の指導を受けた。板倉教授は学生時代の恩師で、北海道大学に異動していた。吉田は学位を取得したことにより、毒性研究こそが自分の生涯の仕事であることをはっきりと意識するようになった。そして、これまでの所属先で得たさまざまな知識すべてが、毒性の発生メ

カニズムの解明にあたって、集束し統合的につながることで、新たな視点をもたらすことに気がついた。吉田はこのころから東京農工大学獣医生理学教室と繁殖内分泌学に関する共同研究を始めたが、実際にこの研究で得た数々の知見はその後、毒性病理学研究を発展させる際に視点を広げてくれた。

　吉田は、独立行政法人放射線医学総合研究所での勤務を経て、2007 年 9 月に国立医薬品食品衛生研究所病理部に転職した。国立医薬品食品衛生研究所は厚生労働省の機関のひとつで、医薬品、医療機器、食品、生活環境中の化学物質などの品質、安全性、有効性について調査ならびに研究を行っている。ここで吉田は本格的に「レギュラトリー・サイエンス regulatory science（規制科学）」に関する業務を開始した。レギュラトリー・サイエンスとは「科学的知見と行政施策・措置との間の橋渡しとなる科学」のことで、必要な科学的知見を得るために行う研究（regulatory research）と、得られた科学的知見にもとづいて施策を決定する行政（regulatory affairs）とを包含する概念である（農林水産省ホームページによる）。国立医薬品食品衛生研究所では優秀な同僚や研修生に囲まれ、チームを組織して神経内分泌の研究および齧歯類の肝臓腫瘍の人への外挿性の研究を行い、満足のいく成果を得ることができた。この研究成果は吉田にとって大きな財産となった。

　吉田にとってとくに印象深かったのは「化学物質による卵巣毒性は 2 週間あるいは 4 週間投与で検出可能か」というテーマで取り組んだ日本製薬工業協会（製薬協）との共同研究である。製薬協は国内の製薬会社 73 社が加盟する団体で、製薬産業に共通する諸問題の解決や医薬品に対する理解醸成のための活動、国際的な連携など多面的な事業を展開している。この共同研究に参加した製薬企業の多くが若い優秀な研究者を送り出してくれた。卵巣やそれを取り巻く神経内分泌器官が化学物質の投与によって劇的に変化する様子を、毎日若手研究者とともに顕微鏡をのぞきながら議論することはじつに楽しいものであった。ある企業の若手研究者が「化合物投与による影響」とした変化を、年配の研究者はこぞって「正常範囲」とした事例があった。吉田が確認したところ、「化合物の影響」をみごとに看破していたのは、年配の研究者ではなく若手の研究者であった。また、ある若手研究者は、卵細胞の変化を必死に見つけようと奮闘したため、道路のマンホールの蓋が卵細胞に見えたという。若い共同研究者のおかげで、「卵巣毒性はほぼ 2 週間で検出可能」という結果が得られ、日本

の研究者の卵巣毒性検出力は国際的に一目置かれるようになった。当時、この共同研究に吉田とともに取り組んだ研究者や勉強会などで経験を共有した人たちが、現在はそれぞれの場所で卵巣毒性の研究を発展させている。

　2015年7月に吉田は内閣府食品安全委員会委員に就任し、常勤委員として6年間食品のリスク評価に専念した。食品安全委員会は、牛海綿状脳症（Bovine Spongiform Encephalopathy; BSE）の発生を契機として、2003年に公布・施行された「食品安全基本法」を根拠法令として同年、内閣府に設置された。その役割は「国民の健康の保護が最も重要であるという基本的認識の下、規制や指導等のリスク管理を行う関係行政機関から独立して、科学的知見に基づき、客観的かつ中立公正にリスク評価を行う」と規定されている（食品安全委員会ホームページより）。委員会は7名の委員で構成され、その下に企画等専門調査会と危害要因ごとの15の専門調査会が設置されている。吉田は委員として、食品および食品中に含まれる微生物や化学物質のリスク評価に従事した。食品安全委員会でも、医薬品食品衛生研究所で携わったレギュラトリー・サイエンス、すなわち「科学的知見と行政施策・措置との間の橋渡しとなる科学」の手法により食品の安全性評価に取り組んだ。食品安全委員会におけるリスク評価とは、その時点で得られる科学的知見を収集し、食品を介したリスクを最小限にするための解答を導き出す手続きである。7名の委員、学識経験者からなる専門委員、そして事務局が一丸となって対応する総力戦といえる。事務局にも膨大な資料や文献を読み解き、評価に結びつける能力が求められるが、獣医師も多く在籍しており、動物を物質や細胞の集合体ではなく個体として俯瞰できることからじつに頼もしい存在となっている。ただし、「食品安全委員会に入ってからは、お目にかかる方々の年齢がぐっと上がりました」とは吉田の正直な感想である。食品安全委員会に異動後、海外の専門家との会議が多くなったが、そこで感じたのは日本の会議の静けさである。とくに新型コロナウイルス感染症の拡大でリモート会議が多くなると、その傾向はいっそう顕著になった。また、特定の人物しか発言しなくなった。一方、吉田が参加した海外の会議では、対面会議でもリモート会議でも、ベテランも若手も遠慮なく活発に意見を述べる。食品の安全性評価に関する会議で意見を述べる際は、疑問点、その理由、その修正案の3点セットが基本で、総論や理論よりデータに重きを置いた論理的な発言が求められる。英語が下手でも、資料を配布しそれに沿って説明

すれば耳を傾けてくれる。きちんと十分に議論した後であれば、たとえ自分の考えと反対の決議であっても納得できる。議論は会議の基本だ、と吉田は思っている。また、海外の会議ではユーモアも大事である。参加者を楽しませた意見を議事録の最後にさりげなく掲載してくれた担当者がいた。吉田も 2 回ほど載せてもらったことがあるという。自分ではあまり意識していなかったので意外であったが、会議で参加者を和ますことができたという事実は後々の会議運営の参考になった。「食品安全の分野を専門とする若い獣医師が増え、その分野の重要性を日本だけでなく世界にも発信し貢献してくれることを期待しています」と吉田は期待をこめて語った。

　「7 回も転職してしまいましたが、一貫して私が目指していたのは、『毒性病理学』の職人でした」と吉田は振り返る。「毒性病理学」とは、医薬品、農薬、一般化学物質などによる化学的刺激、熱や放射線などの物理的刺激、栄養素供給バランスの障害など外的諸因子の刺激による生体の反応様式を明らかにするための学問分野である「毒性学」と、これらの刺激により生体に発現した形態学的変化やその発現機序を明らかにするための学問分野である「病理学」とを合体させた学問体系である（『動物病理学総論　第 3 版』より）。具体的には、さまざまな実験用動物に化学物質を投与したり、物理的刺激を与えたりして、その反応をおもに顕微鏡レベルで観察する。獣医病理学者、実験病理学者、人体病理学者などが所属する「日本毒性病理学会」という学術団体があり、この分野の研究と教育に尽力している。「毒性病理学」ではマウスやラット、犬、サル類などの実験動物を用いて研究が行われ、その結果を人に応用する（外挿という）ため動物種差についての考察がきわめて重要になる。獣医師の場合、動物種差を意識した考察はあたりまえのことなので、吉田も違和感なくつねに興味を持って仕事を続けることができたのであろう。

　吉田は 2021 年 6 月に食品安全委員会委員を退任した。インタビューの最後に「小さいころから食いしん坊なので、また食べものの話で恐縮ですが、食品安全委員会の所在地は東京都港区赤坂です。おいしいランチには困りませんでした」と付け加えた。生来の食いしん坊にとっておいしいランチは食品の安全性同様、きわめて重要な案件であったに違いない。

国立医薬品食品衛生研究所退職の日の吉田。

獣医師を目指す中高生、獣医大学生へ——吉田からのメッセージ

大学に入ってから今日までをあらためて振り返ってみると、いかに多くの人に支えられてきたかを痛感します。組織のなかで仕事をしてきたので、これまでやってきたことはその歯車のひとつなのですが、組織とはまた人がつくるものであることもたしかです。個人の努力が組織の活力になります。

獣医師資格が必須ではないにもかかわらず、獣医師の強みを生かせる組織はたくさんあります。組織のなかで一獣医師として物事を俯瞰的に考えていくことは、それぞれの組織における重要な戦力であると思っています。

私自身は7回も転職しましたが、いずれの職場においても「毒性病理学」に関する業務を続けることができました。その経験から申し上げられるのは、人生に「むだなことはない」ということです。今現在はたいへんでも、どうか乗り越えてください。将来の大きな糧になると確信しています。

仕事をしながらでも新しいことは始められます。将来を想定し、自分自身に投資してみることもいいですね。

13 薬を創る・薬の安全を守る
── 鈴木雅実（すずき・まさみ）

　子どものころ、鈴木雅実にとって獣医師という職業は身近なものではなかった。猫、カメ、ウナギ、ライギョ、カブトムシなどさまざまな生きものを飼っていたので、ほかの子どもに比べれば生きもの好きの傾向は強かったようだ。鈴木は愛知県で高校時代を過ごしたが、そのころ、1970年代後半はエレクトロニクス産業の著しい発展によりテレビやラジオなどが小型化、高性能化し、人々の生活が日々豊かになっていった希望の時代であった。工学部に進学し電子工学を学ぶことを考えていた。鈴木はいう。「忌野清志郎がリーダーのロックバンド『RCサクセション』が1980年にリリースした、学生生活の一場面を歌った『トランジスタ・ラジオ』という曲があります。『トランジスタ・ラジオ』といってもスマートフォンで音楽も楽しんでいる若者にはイメージできないと思いますが、小型のトランジスタ・ラジオを持ち歩きAM放送、FM放送を聴くのがかっこいい時代でした」。鈴木が電子工学を目指したことは十分うなずける。ところが、あるとき牧場を舞台にしたテレビドラマをなにげなく見ていたところ、しゃれたブーツを履いて、ジープで牧場に乗りつける獣医師が登場した。「今思えばブーツではなく、ただの黒い長めのゴム長靴だったのかもしれません」というが、広い草原と青空のもとで牛を治療する姿にしびれたらしい。そして、盛岡市にキャンパスがあり、大動物の臨床・研究を精力的に行っていた岩手大学農学部獣医学科に進んだ。急に進路を変えたため、大学受験の際には物理と化学を選択した。当時も今も、獣医学科受験生は生物と化学を選択することが多いと思われる。鈴木はきっと物理で獣医学科を受験した数少ない受験生だったのだろう。

　獣医学科の講義は解剖学から始まる。解剖学では、初めに骨学と筋学を学ぶ。骨学では、牛、馬、犬、猫などさまざまな動物の骨格標本を目前に置いて、いろいろな角度からスケッチする。美術的にじょうずに描く必要はなく、骨の表面にある微妙な凸凹などの構造を正確にスケッチすることが求められる。凸部

116

は筋肉につながる腱(けん)の付着場所、凹部は太い血管が通る場所など、動物が体を
動かすために合理的な構造になっていることに感心した。「ちなみに」と鈴木
は続ける。「私たち人は歩行する際、つま先からかかとまでの足底をすべて地
面につけて歩きますが、速く走ることで危険を回避する動物の多くは、指のみ
を地面につける『つま先立ち』で歩いたり、走ったりします。とくに馬は前肢
も後肢も中指の先端のみを接地して大きな身を支えています。競走馬はC字
状の蹄鉄を接地面に装丁していますが、これは発達した爪（すなわち蹄）の保
護のためです。ほかの指は萎縮し、痕跡を残すのみです」。全身の骨の名前、
各骨の部位の名前を記憶することはたいへんだった。さらに、骨の形態は動物
種ごとに異なるので、解剖学の試験前は覚えることが多すぎて学生はほぼ必ず
パニックになる。それでも、環境に適応するための進化過程を目の当たりにし、
新鮮な驚きと楽しさも感じたそうだ。「ちなみに」と鈴木は再び続けた。「人も、
キリンのように首の長い動物も、哺乳類では首の骨（頚椎）は7個です。博物
館などで動物の骨格標本を見ると、ほんとうに7個なのか、すぐに頚椎の数を
数えてしまうのは獣医師にありがちな行為ですね」。

　大学では牛や馬などの大動物に接する機会が多く、3年生の夏には近隣にあ
る小岩井農場で2週間の合宿実習があった。つなぎを着て、長靴を履き、毎日
牛の世話と牛舎・牧場の整備を行った。塔のようにそびえ立つレンガづくりの
円筒形飼料貯蔵庫、サイロのなかに入り、先端に長く広がった歯を持つ農具、
ピッチフォークで、発酵し漬物のような酸臭を発する牧草やコーンなどをかき
出す体験をした。これまでは牧歌的な風景のひとつとしてサイロを眺めていた鈴
木にとって、実際の農作業はじつに貴重な体験であった。このような農作業実
習はすべての獣医大学で必修である。もちろん実家が酪農家という学生もいる
が、多くの獣医学生はこの実習で牛や馬などの大動物に初めて触れる。牛肉や
牛乳の生産現場を体験すると同時に、農家のたいへんさを身をもって体験する
貴重な時間でもある。4年生になり、いよいよ研究室を選択する時期となった。
鈴木は大動物の臨床獣医師を目指していたので、内科、外科あるいは繁殖など
臨床関連の研究室に入りたいと考えていた。そんなとき、先輩から「臨床を目
指すのであれば、病気の成り立ちをしっかり理解しなければならない。そのた
めには病理学を専攻するのがよい」と助言され、方向転換、家畜病理学研究室
に入室した。

　家畜病理学研究室では、当時東北地方で頻発していた牛白血病（家畜伝染病予防法で届出伝染病に指定されている牛のウイルス性伝染病。2020 年の法改正により「牛伝染性リンパ腫」に名称変更された）に関する病理学的研究を行った。この病気は、レトロウイルス科の「牛伝染性リンパ腫ウイルス」の感染により引き起こされる「血液のがん」である。感染した牛の大部分は無症状であるが、一部の牛は数年の潜伏期を経て発病し、食欲不振、下痢、便秘、削痩、全身のリンパ節の腫れなどの症状を示し数週間で死に至る。ワクチンや有効な治療法はまだなく、ウイルスの伝搬を防ぐことが今のところ唯一の対応法である。感染の拡大に吸血性昆虫が関与することを研究室の先達が見出していた。そこで、鈴木たちは研究室をあげて大学近隣の牧場に出かけ、牛を刺すアブ（虻）を収集し、感染における関与を解析した。ウイルス感染牛の血液や乳汁が感染源となり、アブなどの吸血昆虫による刺創からの伝搬、去勢や除角または直腸検査など出血をともなう処置による伝播がおもな感染経路と考えられている。加えて胎内感染や経乳感染も成立する。小岩井農場での実習とは異なり、病気の解明を目的とした牧場訪問であったため、少しは獣医師に近づけたかなとうれしく思ったことを覚えているという。

　家畜病理学研究室では所属学生各人の机上に顕微鏡が置かれていた。鈴木は授業や実習以外の時間に顕微鏡をのぞいて病牛の標本を観察し、白血病の組織学的特徴、成り立ちなどを学んでいった。くる日もくる日も顕微鏡をのぞき、さぞかしあきてしまったのだろうと思いきや、逆に顕微鏡下のミクロの世界にすっかり魅了され、病気の原因や発生機序の解明、さらに病気の診断を目的とする病理学という学問にのめり込んでしまった。じつはかなりあきっぽいと自負（？）する私でさえも顕微鏡はあきずにのぞいていられる。病理学の魅力は案外そのあたりにあるのかもしれない。さて、就職先を決める時期になり、鈴木は当初目指していた大動物の臨床獣医師になるか、あるいは、すっかり魅了された獣医病理学研究を続けることができる職場を選ぶかで揺れていた。そんな最中、またしても先輩から獣医病理学の経験を生かし、ずっと顕微鏡をのぞいていられる職場として製薬メーカー研究所の存在を知らされた。さらに、このような研究所には多くの獣医師が所属し、薬の開発や安全性の分野で活躍していることも知った。鈴木は、ここで大学受験に続き二度目の心変わりをし、けっきょく製薬メーカーの C 社に就職、研究所に配属された。

　製薬メーカーに勤務する獣医師について鈴木が説明してくれたので、概要を掲載しよう。「製薬会社に獣医師がいることにピンとこない方が多いと思います。製薬メーカーの研究所は、医薬品を新たに開発し人の病気を治療し、健康に貢献することを目指しています。医薬品の研究開発は、実験動物などを用いて薬の候補となる物質の特徴を評価・解析するステージ（前臨床段階）と、実際に人に投薬し、十分な治療効果・有用性と、副作用を解析するステージ（臨床試験段階）があります。研究所では、まず薬の候補物質を探し出し、あるいはつくり出し、実験動物を用いて有効性と安全性を調べ、医薬品にできるかどうかを判断します。この前臨床研究には，創薬化学、遺伝子工学、バイオテクノロジー、生物学、医学、データサイエンスなどさまざまな専門性を有する研究者が参加します。彼らの出身学部も薬学部、理学部、工学部、農学部などさまざまです。獣医師は、生物を個体として理解していること、人と動物の共通点と相違点（比較生物学的視点）と病気の成り立ちを理解していることなど高度な専門的知識と柔軟かつ幅広い考え方を身につけているため、医薬品メーカーの研究所でとくに活躍することができるのです」。

　C社研究所での鈴木の配属先は、薬の候補物質の副作用・毒性を動物実験によって解析する部門、すなわち「安全性」部門であった。候補物質を投与した実験動物の組織を観察し、その変化から副作用・毒性を解析した。ある化合物の生体への影響を調べていたが、成書には記載がない顕微鏡的変化がしばしば観察され、解釈に苦しみ悩むことがあった。図書館や書庫に通って専門書や論文を調べ、知識を得たうえでさらに顕微鏡で観察する。この繰り返しによって変化の全貌が見えてくる。同じ標本を観察しても毎日見え方が変わる。実際には同じ標本を見ているので、目に入る組織像は変わらないが、知識が蓄積されることで解釈が少しずつ変わり、あるときジグソーパズルのピースがはめこまれるように、全貌が理解できる。鈴木はこのような創出的作業の道程が好きで、研究所での業務にやりがいと魅力を感じていた。ちなみに、現在はインターネットが普及し、かび臭い書庫に閉じこもることなく、あらゆる文献が手に入る。私も同年代なので文献検索の際は図書館にこもっていたが、鈴木の話を聞き薄暗い書庫の光景がまぶたに浮かんできた。

　さて、研究所で順調に仕事をこなしていた鈴木に、博士号を取得するための研鑽の機会が訪れた。東京大学の獣医病理学研究室に研究生として2年半所属

し、学生とともに研究に勤しむことになった。企業に所属する研究者が博士の学位取得のため国内の大学で研究することがしばしばある。かつては「国内留学」とか「内地留学」などと呼ばれていた。大学院に入学し課程博士を取得する場合と、研究生として入学し集中的に研究を進め、修了後に論文博士を取得する場合とがある（第 9 章参照）。鈴木は後者を選んだ。大学で 2 年半きっちりと実験してデータを蓄積し、学位論文を作成するという方法である。実際、企業の研究者はこの方法で博士号を取得することが多い。鈴木は大学で、これまで解釈に困っていたある生体反応について、詳細な病理学的特徴とその発生メカニズムの解明に取り組んだ。ちなみに鈴木の学位論文のタイトルは「顆粒球コロニー刺激因子（G-CSF）の骨への作用」である。「博士号の取得は研究者としての独り立ちを意味し、研究計画、データの解釈、論文へと仕上げる道筋などを自分自身で考えて成果をまとめなければならない」と指導教授にアドバイスされた。四六時中、とにかくいろいろと考えをめぐらして研究に取り組み、無事博士号を取得したが、この経験はその後、鈴木が研究者として活動する際の揺るぎない礎になった。

　大学で過ごした 2 年半で、鈴木の獣医師についての考え方も大きく変わった。製薬企業の研究所で仕事を行う際に、これまでは自分が獣医師であることを強く意識する機会はほとんどなかった。これに対し、大学は獣医師の養成機関であるためつねに獣医師を意識せざるをえない。とくに、獣医病理学研究室では、病気の診断などを通じて自分が獣医師であることを強く実感できる。教授からは、博士号を取得したら獣医師の社会的役割をつねに意識し、その職域の拡大に努力するよう激励された。高い視点からの獣医師への思いに感銘を受け、自分も貢献できればと考えるようになった。その後現在に至るまで、鈴木は日本獣医病理学専門家協会、日本毒性病理学会、日本毒性学会など獣医病理学に関連する学術団体の活動に運営を含め主体的に参画し、獣医師の社会的役割の向上に努めている。

　鈴木は博士号取得後、製薬会社での創薬研究においても、よりよい薬をより早く患者さんのもとに届けるために、獣医学、とくに獣医病理学の専門性をこれまでより広く活用すべきではないかと考えるようになった。病理担当の同僚と協力し、人の病気を実験動物で再現するモデル動物を用いて、薬の候補物質の有効性や病態に関与する分子機構の解析に取り組んだ。この取り組みのひと

つとして、C社と現地企業を含む数社とでシンガポールに設立されたジョイントベンチャー研究所に足繁く通って、現地の大学や公的研究機関と共同で病理研究を行い、さらには研究所の運営にも携わった。この研究所では、分子生物学、細胞生物学、遺伝学など病理学とは異なる専門の研究者たちと濃密な時間を過ごし、研究者としての幅を広くすることができた。

シンガポールでもっとも困ったことは、日本では普通に入手していた試薬や実験器具が円滑に入手できないことであった。試薬については万国共通の化学物質名があるので、輸入に時間を要したが、なんとか入手する目途は立った。ところが、実験器具の名称は日本特有のもので、国際的な一般名がないものが多かった。このような場合は、シンガポールの業者と直接会って、器具の形状、使い方などを伝えた。もっとも効果的だったのは、ホワイトボードに器具の絵を描き、使い方を説明することであった。そうすると業者側が似たような形、機能の器具を提案してくれた。今ならばスマートフォンで器具を撮影し、写真を見せることで理解してもらえると思う。当時のように、絵を描いて身振り手振りで使い方を説明し、意思を伝えるという過程は、たがいに理解できた瞬間に達成感を共有できる。「伝えたい、理解したいという気持ちがたがいにあれば、必ず意図は伝わるということを体感できました」と鈴木はいう。

鈴木はシンガポール赴任中にシンガポール動物園や夜のみ開園するナイトサファリに出かけた。シンガポール動物園では、自分がいる場所と動物がいる場所の境界がないと錯覚してしまうほど、展示動物との距離が近いことに驚いた。実際には、それなりの深さと幅の溝があるのだが、目の錯覚で同一空間にいるように感じてしまう。コモドドラゴンの展示は、動物が自分の居場所まで歩いてくるのではないかと思うほどであった。最近は日本でもこのような動物展示をする施設ができたが、当時はたいへん驚いた。また、熱帯のシンガポールでは毎日突然スコールがやってくる。多くの場合は1時間程度で晴れ上がるのだが、大粒の雨が突然降り出すので、だいたいはずぶ濡れになる。鈴木が動物園で長椅子に座り、ゾウのアトラクションを見ていたときにスコールがやってきた。運よく屋根のある場所だったので、ここでスコールをやり過ごそうと思いふと横を見ると、1頭のサルがちょこんと座っていた。首輪も紐もなく自由に園内を移動できる飼育サルであったが、来園者に危害を加えることもなく、まるで鈴木と一緒にゾウのアトラクションを鑑賞しているようであった。一方、

ナイトサファリでは、オオコウモリの観察エリアで暗闇のなかコウモリを探していたところ、顔のすぐ横に大きなコウモリが逆さまにぶら下がっていてたいへん驚いた。動物の展示方法も国や施設によって千差万別だなと感心したが、一方で獣医師としては、サルやコウモリという人獣共通感染症の視点からはそれほど近づきたくない動物が目の前にいる状況は、あまり好ましくないと思ったという。「もちろん感染症に関しては十分配慮されていたのでしょうね」とも付け加えた。ちなみに、シンガポールに獣医大学はなく、獣医師を志す者はイギリス、オーストラリア、ニュージーランドなどの獣医大学を卒業して獣医師の資格を取得し、シンガポールで仕事をすることになる。

　鈴木は 2021 年に C 社を退職し、現在は公益財団法人実験動物中央研究所で、獣医学、とくに獣医病理学を背景とした各種の研究に携わっている。実験動物中央研究所は、実験動物学の医療・医学への貢献を目的として 1952 年に設立された。世界の最先端を行く実験動物の開発と、それを支える遺伝子改変、発生工学、無菌動物に関連した技術、およびモニタリング検査、病理解析、画像解析などの技術はこれまでも高い評価を得ており、国内外の大学、研究機関ばかりでなく、世界保健機関（WHO）、アメリカ食品医薬品局（FDA）などの世界的な公的機関、さらには民間企業とも連携し研究活動を行っている。鈴木には、実験動物中央研究所で獣医師としてのさらなる活躍を期待したい。

獣医師を目指す中高生、獣医大学学生へ──鈴木からのメッセージ

　人の健康、動物の健康、生態系（地球環境）の健康はたがいに深く関係しているという One Health の概念が最初に提唱されたのは、2004 年 9 月にニューヨークで開催された World Conservation Society 主催の感染症対策会議でした。私が獣医師を目指

京都の平等院前の鈴木。最近は日本の歴史的建造物、仏像などの鑑賞も趣味としている。

したころにはまだ存在していなかった概念です。今後は、人、動物、環境それ
ぞれの健康に責任を持つ人々が分野を超えて協力し、地球全体の健康維持に向
けた取り組みが広く受け入れられ、活発になると思います。One Health の理
念を実現していくうえで、獣医師の果たす役割は大きく、また活動の範囲も広
くなると考えています。これから獣医師を目指す中高生、獣医学生の皆さんに
は、One Health の理念のもと獣医師としてさまざまな役割、場所、場面で大
いに活躍することを期待しています。

14 動物の薬を創り販売する
── 永田正（ながた・ただし）

　北風が吹き下ろす坂道を小走りに登り、風情ある校門を過ぎると、葉を落とした銀杏並木が続いている。突然の冷たい風に永田正はコートの襟を立て、すでに葉を落とした蔦が絡まる校舎に入っていった。社会人になってからずっと研究開発の仕事をやってきたが、はや40代の後半になってしまった。現在は外資系の動物用医薬品の会社でフランス人の社長のもと、動物用ワクチンや抗寄生虫薬の開発に携わっている。研究開発はおもしろいが、最近はなにか違うこともやってみたいと思うようになった。考えた末、事業部門でビジネスをやらせてもらえないかと社長に訊いたところ、挑戦してみたらよいとの返答をもらった。永田はビジネスの経験がまったくなかったのでせめて勉強だけでもと思い、夜間に授業が開講されている社会人向けのビジネススクールで学ぶことにした。夕方まで会社で仕事をし夕食をかき込んで授業に出て、週末に課題をこなすという生活を2年間続け、50歳を超えて経営学修士（MBA）を取得した。仕事との両立はたいへんだったが、異業種に従事している20代、30代の若者とともに学べたことは非常に刺激的であった。必ずしもMBAを取得したからビジネスがわかるというわけではないが、少なくとも経営の出発点に立つことはできた。

　物心がついたころから永田のまわりには動物がたくさんいた。犬、猫、小鳥、金魚、鈴虫など多くの生きものに囲まれて育ったという。「獣医師を目指す人にはよくある話ですが、小学生のころ、かわいがっていた猫が病気で亡くなったときに将来は獣医さんになりたいと思いました」と続けて答えてくれた。さらに、ついこの間、実家の古い書棚で偶然見つけた小学校の卒業文集に、飼っていた猫と金魚の話ばかりが書かれており、また「将来獣医さんになりたい」とも書かれていたのを見てなつかしく思ったそうだ。毎度のことであるが、こういう話を聞くと私は「えらいなあ」と感心するばかりである。初志貫徹である。中学、高校でも夢はブレない。大学入試の願書にも「獣医学科に進学希

望」と書いたという。そして、実際に畜産獣医学科に進学した。まったくもってえらい。

　永田が学生のころ、すなわち1970年代後半は、全国的に獣医学部・獣医学科はまったく人気がなく、進学しやすい分野のひとつであった。永田が入学した大学では、1年次と2年次の教養課程の成績で進学先の専門課程が決まる。畜産獣医学科は毎年募集定員に満たず、希望し単位を取得しさえすれば進学できた。それをよいことに教養課程では授業をさぼっては遊び、アルバイトばかりしていた。当時、趣味でフルートを演奏していたことから、野球部の友人に依頼され応援団の吹奏楽部の一員になったりもした。また、NHKのフルート教室番組のオーディションに合格し、生徒役として半年間テレビに出たりもした。まあ、あまりまじめな学生ではなかったということである。私は少し安心する。ところが、念願の畜産獣医学科に進学してからは心機一転、まじめに授業を受け、よく勉強した。体のしくみや病気のことが少しずつわかってきてワクワクしたことをよく覚えているという。私もこの気持ちはよくわかる。

　大学3年生のとき、産経新聞が当時はまだめずらしかった海外奨学生を募集していたのを知り、応募してみた。希望したイギリスへの留学は競争率が100倍という超難関であった。1年の留学期間で英語が多少うまくなればもうけもの程度の気持ちで受けた試験であったが、面接の際に話した「家畜の品種を大切にするイギリスで本場の畜産を学びたい」という動機がおもしろいということで採用になった。大学を1年間休学し、エジンバラ大学理学部で遺伝学、栄養学、繁殖学などの畜産関係の授業を受けた。エジンバラはイギリス・スコットランドの首都で、ブリテン島の北部、北緯56度に位置する。樺太北部と同じ緯度である。緯度のわりには温暖であるが、冬は日照時間が短くかつ雨が多い。石造りの重厚な建物と相まって気が滅入る。私は夏と秋に1回ずつ訪問したことがあるが、天候が安定せず、北海から海霧が流れ込むと冷たい雨となり、やはり気が滅入ってしまう。英語がほとんどできない状態でエジンバラへ渡航した永田の心境たるや想像に難くない。大学では幸い留学生寮に入ることができ、さまざまな国からの留学生と仲良くなった。彼らのほとんどはイギリス連邦の国からの留学生で、連邦共通の教育システムを受けており、さらなる専門教育を受けるために渡英したエリートたちであった。永田は、博士号取得のためにネパールからやってきたアブヒと仲良くなった。アブヒは永田より10歳

ほど年長、ネパールの大学で英語や英詩を教えていたことから英語は母国語並みに堪能で、永田が英語で苦労しているのを見て、なにかと話しかけ元気づけてくれた。また、日本の文化や日本人にも非常に興味を持っており、明治時代に日本からネパールを経由して初めてチベットに行った河口慧海という僧侶についても研究していた。二人でいろいろなことを話し合ったり、食事をつくったり、ときには郊外の山に登ったりして楽しい時間を過ごしたという。アブヒのおかげで永田の英語コミュニケーション力は瞬く間に向上した。アブヒはその後、研究のために 2 年間日本に滞在し、一緒に富士山にも登った。永田は酸欠で必死だったが、ネパールの高地で育ったアブヒは平気であった。また、永田も 10 年ほど前にネパールを訪問し、アブヒに首都カトマンズの世界遺産を案内してもらった。アブヒのおかげで英語が上達し、また死にもの狂いで勉強し授業の復習も欠かさず行ったことが奏功し、上位で試験に合格し無事単位を取得した。異文化のなかで生活し、日本人のアイデンティティを保ちながら周囲とうまく協調しながら成果を上げることができた。このときの経験がその後、外資系企業で働く際に大きな自信となり、とても役立った。永田は日本の大学を 1 年間休学したが、進級時の学年と帰国してからの学年の 2 学年分の同級生ができた。同級生は社会人になってからもいろいろな場面で助け合う存在である。大事にしたいと私も常々思う。さて、帰国した永田は卒業後の進路を考える時期になり、思い悩んだ。自分は不器用だし体力的にも自信がないので、臨床獣医師には向いていない。でも、獣医師資格を生かして動物の健康や獣医療に役立つ仕事に就きたいとの想いが強かったので、製薬企業で動物薬、すなわち動物用医薬品の研究開発を希望するようになった。

　帰国の翌年、永田は畜産獣医学科を卒業し、獣医師国家試験にも無事合格、出身地である大阪の大手製薬会社 T 社に就職し、畜産研究開発部に配属された。ここで動物用医薬品や飼料添加物の企画開発、薬事、海外導出などの仕事を経験した。これらの製品には T 社が独自に開発したものもあったが、海外からの導入品も多く、永田は海外留学の経験から海外企業とのライセンス交渉などをまかされた。動物用医薬品の法的規制は、人用医薬品と同じく「医薬品、医療機器等の品質、有効性及び安全性の確保等に関する法律（略称：薬機法）」のもとに行われるため、開発プロセスも人用医薬品と基本的に同じである。すなわち、原薬や製剤の性状や規格・安定性を確認し、実験動物を用いた非臨床

試験により薬理作用、代謝・吸収、排泄、毒性などを検討した後、実際に使用対象となる動物を用いた安全性試験、さらにはいわゆる「治験」と呼ばれる臨床試験を行い、品質、有効性および安全性を証明する資料を作成する。この資料を農林水産省に提出して審査を受け、製造販売承認を取得する。「T 社という伝統ある日本企業の文化のなかで最初の社会人生活を送れたのは幸運でした。現在『ブラック』とか『パワハラ』とか呼ばれている会社内の諸問題は、当時は日常茶飯事でしたが、そのおかげで社会人としてけっして人にしてはいけないことを学べたと思います」と永田は述懐する。その後、T 社は動物薬ビジネスから撤退したが、当時永田が開発を牽引した動物用抗生物質のひとつは、今でも世界各国で販売されている。

　永田は T 社でよき仲間と先輩に恵まれ多くのことを学んだが、入社して 10 年目に転機が訪れた。当時世界で動物薬のトップであったアメリカ資本の M 社から、日本の動物薬開発部門を強化するのでこないかと誘いを受けたのである。そのころ日本の大企業では終身雇用があたりまえで、また T 社はだれもが羨望する大手製薬企業であった。そこを辞め、外資系企業の小規模な出先に転職するということで周囲からはたいそう驚かれた。しかし、当時でも M 社の世界的な研究資源はすばらしかったし、年齢にとらわれない待遇も若い永田にとっては非常に魅力的で、転職のリスクを十分上回るものであった。また、M 社では、大村智先生のノーベル賞受賞で有名になったイベルメクチンの動物用途への応用研究を行っており、寿命を 10 年近く延ばす画期的な犬のフィラリア症予防薬として期待されていた。イベルメクチンは牛、豚、馬など家畜の内部寄生虫、外部寄生虫も幅広く駆除する。永田の転職後に、経口剤、注射剤、外用剤などさまざまな製剤が開発され、販売された。このような画期的な動物薬の開発から販売に関わることができ、永田はじつに幸運であった。永田は、さらに犬では最初となる慢性心不全治療薬、犬の新しい消炎鎮痛薬、馬の胃潰瘍予防治療薬などの開発にも携わった。そして、これらの動物薬のほとんどが日本の動物薬市場でベストセラーになった。

　次に転機が訪れたのは、M 社に転職して 5 年目であった。M 社とフランス資本の製薬会社が動物薬専門の合弁会社を設立することになった。永田は新会社、すなわち ME 社日本法人の研究開発部長に任命され、これまで扱ったことのないワクチンの開発も担当することになった。つくば市近郊にあった鶏ワ

クチン研究所の管理も任され、週に何日かはそこで過ごすようになった。合弁会社は最初、アメリカとフランスの親会社で半分ずつの持ち分であったが、その後、フランス資本 100% になった。M 社では合理的ではあるがルールには厳しいアメリカ式の経営に慣れていたため、ルールよりも個性や独創性を大切にする ME 社のフランス式経営にとまどうこともたびたびあった。永田はそのような ME 社の社風にもしだいに慣れ、犬猫のノミ寄生の抑制に革命をもたらした製品、その第 2 世代でベストセラーになった製品をはじめ、犬、猫、鶏、豚、牛のさまざまなワクチンの開発に携わった。

　ここで、動物用医薬品とワクチンについて少々述べておこう。「動物用医薬品」とは、「動物疾病の診断、予防、治療等を目的として使用され、安全な畜・水産物の生産性の維持向上に、さらには犬・猫などの愛玩動物の健康の保持にも寄与する医薬品をいう」と動物医薬品検査所（略称：動薬検）のホームページに記載がある。「動物医薬品検査所」は、これもホームページによると、「動物用の医薬品、医薬部外品、医療機器および再生医療等製品が有効かつ安全であり、その役割を確実に果たしうることを確認するため、開発、製造（輸入）、流通および使用の各段階にわたり、その品質確保等を図るための審査・検査・指導を行うことにより、動物衛生および公衆衛生の向上に貢献する」農林水産省の機関である。わかりにくい。簡単にいうと、動物に用いられる薬が動物用医薬品なのである。ウィキペディアでは、「専ら動物のために使用されることが目的とされている医薬品をいう」とされている。こちらのほうがまだわかりやすいかな。動物用医薬品の多くは人用に開発された製品そのもの、あるいは動物に投与しやすいように形状、大きさなどを変えたものと、初めから動物用に開発された製品とがある。また、動物用医薬品は一般薬、抗菌性物質製剤および生物学的製剤に分類される。「抗菌性物質製剤」には抗生物質や抗菌剤が含まれ、「生物学的製剤」には免疫血清や診断薬などとともにワクチンも含まれる。「一般薬」はその他の薬品である。一方、動物用ワクチンは動物の感染症の予防を目的として製造され、動物に注射または経口投与される。その結果、抗体などの免疫が誘導される。生ワクチン、不活化ワクチン、そして新型コロナウイルスのワクチンで有名になった遺伝子組み換えワクチンがある。「生ワクチン」は病原体の病原性を弱くしたもの、「不活化ワクチン」は死滅させた病原体の成分のすべてまたは一部である。したがって、これらのワクチン

は病原体を構成するタンパク質を抗原として動物に接種し、抗体の産生を誘導するものであるが、「遺伝子組み換えワクチン」の一種である「RNAワクチン」は抗原タンパク質の設計図であるRNAを接種し、生体の細胞にその抗原タンパク質を産生させ、これが抗体産生を促すというメカニズムになる。遺伝子組み換えワクチンは短期間で製造できるので、新型コロナウイルス感染症のワクチンとして広く用いられている。

　話を戻そう。社会人になって以来、ずっと研究開発関係の仕事をしてきた永田にさらに次の転機が訪れた。すでに40代後半になっていた。研究開発の仕事はおもしろいが、新しい挑戦もしてみたい。それを始めるのは今しかない。本章の冒頭に述べたように、フランス人社長に事業部門に移りビジネスをやらせてもらえないかとざっくばらんに訊いたところ、挑戦してみたらよいとの返答が返ってきた。そこで、夜間と週末にビジネススクールで学ぶことにした。経営者への道を歩み始めたのである。無事MBAを取得し、その後、コンパニオンアニマル部門の事業部長になった。事業計画、戦略立案、マーケティング、学術、営業などすべてを見るようになった。当時、動物薬ではめずらしかったテレビCMを作成したり、獣医師向けのセミナーを開催したり、仕事はエキサイティングで充実していた。製品のユーザーはペットの飼い主と動物病院の獣医師やスタッフであることから、ペットへの愛情がより深まるよう飼い主に訴えかけるような広告活動、および動物病院のスタッフと飼い主とのコミュニケーションのサポートに力を入れた。また、これまでのビジネス経験の少なさを補うため、各地の動物病院を精力的に訪問して、獣医師とのネットワークづくりに励んだ。

　コンパニオンアニマル事業の業績が順調に伸びたこともあり、フランス人の社長が退任するときに後継を任された。当時は、外資系の動物用医薬品会社で獣医師が社長になることはめずらしかった。ME社の日本法人は社員の総勢が約50名の小さな会社であったが、動物用医薬品のメーカーとして国内最大級の売上を誇っており、なににでもチャレンジできる非常にポジティブな雰囲気の会社であった。永田は社長として、コンパニオンアニマル部門や産業動物部門の営業に加えて、人事、総務、物流、IT、研究開発、薬事など経営全般を管理した。苦労して取得したMBAの資格が生きるときがきたのである。ところが、順調な経営が続いた社長3年目のときに、フランスの親会社がドイツの

BI 社に日本の ME 社を売却することを決定した。すなわち、BI 社動物用医薬品部門の日本法人に統合され、再出発することになった。永田は売られる側だったので解任を覚悟していたが、幸運にも新会社の社長に選任された。最近は日本でも M&A（企業の合併買収）がさかんになってきたが、外資系企業では遭遇する確率が格段に大きいことを永田は身をもって経験した。日本において、BI 社は豚用ワクチンのリーダー企業であり、コンパニオンアニマル薬のリーダーであった ME 社との統合は補完的で非常に強力であった。新たに発足した新生 BI 社の日本法人動物用医薬品部門では、社員約 120 名のうち 40 名が獣医師で、それぞれがさまざまなバックグランドや専門分野を持っていた。このような仲間との毎日の仕事は非常に刺激的で楽しいものであった。

　永田はいう。「リーダーシップにはいろいろなスタイルがあります。私は社員が畏敬の念を抱くようなカリスマ社長ではなく、同じ方向を向いて仕事をする社員のリーダーになることを目指しました。社員との距離感を縮め、なんでも相談できるリーダー的存在を目指しました。また、積極的に顧客と会う機会をつくりネットワークを広げるとともに、つねに現場感覚を失わないようにし、ともに汗をかくことの大切さを社員に伝えるようにしました」。じつは、社員約 50 名の ME 社でつくりあげた社員との親密な距離感を、社員約 120 名の BI 社でも同様に期待するのはむずかしかった。もちろん社風の違いもあった。けっきょく、会社のまとめ方を変えなければならなかった。組織の大きさに応じて職位の階層をつくり、各階層のリーダーに権限移譲を行うしくみの重要性を実感した。階層の長のリーダーシップをうまく活用して意思疎通を図るとともに、可能な限り執行部と社員全員とが直接コミュニケーションできる機会を設けた。つねにポジティブな雰囲気をつくることに注力し、社員全員が明るい将来を描けること、楽しくやりがいのある職場をつくることに尽力した。営業においては、社長が獣医師であることが話の種になり、顧客が親近感を持ってくれた。これまで獣医師として学んだ知識が存分に役立った。M&A のおかげでアメリカ、フランス、ドイツという 3 つの外資系会社に所属することになり、それぞれの文化を経験することができた。また、それぞれの会社でさまざまな医薬製品を世の中に送り出し、有効に使ってもらうことで動物の健康に貢献することもできた。「獣医学を学んだ者の一人として非常にうれしく思います」。永田の述懐である。

永田は一昨年BI社を退職し、動物用ワクチンなどを製造販売する国内の会社で1年半顧問を務めた後、現在は別のフランス系動物薬企業日本法人の社長として活躍している。

獣医師を目指す中高生、獣医大学学生へ——永田からのメッセージ

自分のミッション（使命）を持ちましょう。自分が生涯でやりとげたいことはなにか、なんのためにそれをやるのか、どのような職業に就くとそれを実現しやすいか、獣医学を学ぶことはそれにどう関わるかをよく考えましょう。自分のミッションと仕事に一貫性があると充実感、幸福感が大きくなります。私自身がたどったキャリアパスは非常に充実した幸せなものでした。

自分の強みを知り、さらに強化し、生かせる機会を見つけましょう。社会に出ると「なにができないか」より「なにができるか」が圧倒的に重要です。自分の強みもそれを生かせない職業では発揮できませんし、おもしろくもありません。自分の強みを的確に知り、職業を選択することが成功の秘訣です。英語が話せて動物薬の製品開発や薬事ができる獣医師は当時ほとんどいませんでした。私の場合、日本には存在しない獣医師というスペックが強みでした。

チャンスは積極的につくり、到来したらうまくつかみとりましょう。やりたいことがあっても、それを口に出して意思表示をしなければチャンスにはなりません。だめもとでかまいません。遠慮せずに話しましょう。また、チャンスは思いがけないときに訪れるものです。多少のリスクがあっても果敢にチャレンジし、チャンスを逃さずつかみとる勇気が必要です。私は留学してみたい、ビジネスをやってみたい、統合した会社をうまくまとめたいと積極的に意思表示をしてチャンスをつかみました。

同級生、同窓生、同業者など、人と人とのネットワーク（人脈）を大切

ビジネスパートナーとの契約調印式で。日本全薬工業株式会社の高野社長（当時、左）と永田（右）。

にしましょう。自分一人でできることは限られていますが、ネットワークを活用することで格段に仕事がやりやすくなったり、その幅が広がったりすることが多々あります。人から頼まれたことはできる限りサポートして、ネットワークにおける財産をつくっておくことも重要です。私がビジネスマンとしてのキャリアを積んでこられたのは、同級生や先輩・後輩、仕事仲間のサポートがあってこそです。いくら感謝してもしきれません。

15 グローバルな活動で食品の安全・安心を伝える
── 荻原定彦（おぎはら・さだひこ）

　飛行機がブラジル・サンパウロ郊外、グアルーリョス国際空港のターミナルに到着した。シートベルト着用のサインが消え乗客が一斉に立ち上がると、荻原定彦は大きな伸びをして窓の外を眺めた。「この空港に降り立つのはいったい何回目だろう」とひとりごとをいいながら立ち上がった。サンパウロにある味の素株式会社（以下、味の素）の現地法人に赴任してからまもなく３年になる。そろそろ帰国の辞令が出るだろうか。タラップを降りながらそう思った。サンパウロを拠点として、中南米ばかりでなく北米、ヨーロッパまでも飛び回り、学術集会に参加、あるいは大学や研究所を訪ね、食品の効能、安全性に関する情報を収集して日本の本社に伝えるのが荻原の仕事のひとつである。ブラジルの前はタイのバンコクに４年半赴任した。こちらは、味の素の東南アジアとインドの拠点だ。その前にはアメリカ合衆国の首都、ワシントンDCにほぼ４年いた。「彼は日本にいるより海外のほうが合っている」。荻原を知る者は必ず口にする。きっと、荻原のような人間が日本企業の海外進出を支えているのだろう。

　荻原は関西で生まれ、古都・鎌倉で育った。地元の高校を卒業し、東京にある私立大学の物理学科に入学した。当時皇太子であった今上天皇と同学年だったそうで、ときどき見かけたそうだ。地震に興味があったことから「波」の研究を行っている研究室に所属したが、１年生の終わりに中退し、一念発起、畜産獣医学課程がある大学に再入学した。本人いわく、「波」もさることながら生来牛乳好きであったことから獣医学や畜産学関係の勉強がしたいと考えるようになり、フラスコのなかで牛の乳腺細胞を培養し牛乳を産生する研究をやってみたいと考えたためとのこと。しかし、これまで培養細胞で牛乳をつくるなど実現できていない。まったくもって夢のような話である。畜産獣医学を志した動機も荻原らしい。獣医大学での卒業研究は、ティザー（Tyzzer）菌という細菌の感染症（ティザー病）に関することだそうだ。物理学（波）と獣医学

（細菌）、やっぱりつながらない。

　卒業後は大学院の修士課程に進学したが、これは当時獣医師養成課程が 4 年制から 6 年制への移行途中で、4 年間の学部課程を卒業した後、さらに 2 年間の大学院修士課程を修了しないと獣医師国家試験の受験資格が得られなかったためである。修士論文の内容は、前述した卒業研究の延長で、ティザー病の病理学に関するものであった。これは、指導教授の研究テーマが「動物のティザー病」であったためである。ところが、荻原は「肝蛭の培養にも興味があります」とあちこちで吹聴していたらしい。肝蛭（*Fasciola hepatica*）は、おもに牛などの反芻類の肝臓に寄生する寄生虫で、体長は 2〜3 cm、幅が約 1 cm である。まれに人に感染することもある。たとえていえば、少し厚みがある桜の花びらのようなものである。寄生虫なので、もちろん宿主動物の体内以外では生育できない。これを水槽で育てたいといいだしたのである。「2 cm ほどの肝蛭が水槽をひらひら泳いでいたら、すてきじゃないですか」とか、「獣医内科の○○先生に、おもしろい、ぜひやってみろ、といわれました」などと宣う。荒唐無稽とわかっていても、ついつい話に引き込まれてしまう。しかし、科学研究を始めるきっかけなど、案外こんなものかもしれない。

　さて、修士課程を修了、獣医師国家試験にも無事合格し、荻原は就職先に大手食品メーカー、味の素を選んだ。この会社を選んだ理由は、うま味の成分を商品化（「味の素®」）したという発想の斬新さに加え、コストパフォーマンスが大きいためと、ずいぶん後になって聞いた。私が長年携わってきた大学教員と比べると生涯賃金はずいぶんよいに違いない。しかし、これもひとつの考え方である。生涯賃金を優先するか、給料は少なくても、やりたいことをやるか、人による。もちろん好きなことがやれて給料が高ければそれに越したことはない。

　獣医学部・学科の卒業生が食品会社に就職する場合、多くは社内の研究所に勤務し、研究開発業務に従事する。食品の安全性、新たな効能などが研究対象となる。荻原も最初は横浜にある生物科学研究所に配属された。この時点では、荻原自身もまだ研究者を目指していたようだ。おもにアミノ酸や新規医薬品について安全性の評価・研究を行った。しかし、入社してちょうど 10 年目に本社の品質保証部製品評価（external scientific affairs）グループに配置換えになった。この部署では、さまざまな科学文献を読んでとりまとめ、あるいは海外

の関連学会に参加して科学情報を収集し、それらを社内の関係部署に提供する仕事、さらには行政機関に提出するための食品素材や医薬品に関する資料を作成する仕事を担当した。本人は、これは自分の仕事ではない、と会うたびに憤慨していたが、彼をよく知る者はこれほどぴったりな仕事はないと心底感心したということだ。研究室に閉じこもって、試験管を振ったり顕微鏡をのぞいたりするよりも、あちこち出歩いていろいろな職業の人々と話すことのほうが性に合っている、さすがの荻原もそう思うようになっていった。

　第13章と第14章でも概説したが、製薬会社や食品会社の研究所における業務は、だいたい薬や食品の効能と安全性に関するものが多い。生理学、薬理学、病理学、毒性学などの知識が活用される。また、実験動物を用いた研究も行われるが、最近は動物愛護の立場から動物の生体を使った実験（in vivo）は行わないようになってきた。培養細胞を用いた実験（in vitro）やコンピューター内でのシミュレーション実験（in silico）がこれにとって代わる。研究所に配属された新入社員は、実験を繰り返して成果を上げ、学会などでの発表や論文の作成公表を通じて博士論文をまとめ、博士の学位を取得する。これが早い者で30代前半である。博士の学位をとれば一応この業界で一人前の研究者とされるが、近年は、関連する学術団体（学会）が認定する「専門家」の資格をとるべく、さらに勉強を続ける。会社も専門家の資格取得をサポートする場合が多いと聞く。現在、製薬会社や食品会社に所属する安全性担当の研究者は日本獣医病理学専門家協会（JCVP）の会員、日本毒性病理学会認定毒性病理専門家（JSTP）、そして日本毒性学会認定トキシコロジスト（JST）の資格を取得することを目標としている。3つとれば三冠王である。これらに加えて、博士の学位を取得するとグランドスラムか。さて、荻原はというと、早くに研究を離れたため、博士の学位取得はままならなかったが、座学だけで挑戦できるJCVPの資格は難なく取得した。

　品質保証部に勤務した後、38歳のときにワシントンDCへの異動を命ぜられた。初めての海外赴任である。海外へはこれまでもたびたび出かけていた荻原も、現地で生活するとなるとさすがに身構えた。妻と小さな子ども2人も同伴である。当時、ワシントンDCの治安はあまりよいとはいえない状況であった。アメリカ国内や、さらには南米の国々への出張も多いと聞いていたので、その間ワシントンDCに残る妻子が心配だ。英語での会議なども十分にこなせ

るだろうか。考えれば考えるほど、不安が押し寄せてくる。ところが、そんなことに怯むような荻原ではない。まあなんとかなるさと、苦境さえも楽しみに変えてしまう。もちろん、準備に関しては人知れず念入りに行い、ベストを模索する。海外へ飛び出してそれなりに成功する人間はこのような楽観的性格の者が多い。悩んでもしょうがない。将来海外で活躍したいと考えている諸君は、このような思考技術を習得したほうがいい。こういう人間はまわりにきっといるので、見つけたらじっくり観察し、彼または彼女の積極性と楽観主義についてぜひとも真似してみよう。とはいうものの、荻原もそうであるが、こういう人は同時に十分な慎重さも持ち合わせている。

　アメリカでは、アメリカ味の素社のワシントン DC 事務所長として、味の素が製造販売する食品や食品素材・添加物について、安全性に関する啓発活動、輸入や販売の許認可の取得などをおもな業務とした。また、関連する学術集会やシンポジウム、コーデックス（CODEX）委員会の部会などにも参加して情報を収集し、研究者に会ってくわしい話を聞いたりした。コーデックス委員会とは、消費者の健康の保護、食品の公正な貿易の確保などを目的として、1963年に FAO および WHO により設置された国際的な政府間機関で、国際食品規格（コーデックス規格）の策定などを行っている（農林水産省ホームページより）。荻原の行動範囲は南北アメリカ大陸にわたり、出張も多かった。また、アミノ酸の一種であるグルタミン酸やグルタミンについての一般向けシンポジウムの企画実行にも関与した。当時は、味の素の世界的主力商品であった「味の素®」の主成分グルタミン酸ナトリウム（Monosodium Glutamate; MSG）が、動物実験データの人への適応に関する誤解から、健康を害するものとして扱われていた。「No MSG」などの不買運動が頻繁に発生し、MSG の不使用を謳うレストランもあった。しかし、現在では通常量の経口摂取であれば、MSG に1 日摂取許容量（ADI; Acceptable Daily Intake）などの規制値を設定する必要はないと JECFA（The Joint FAO/WHO Expert Committee on Food Additives）で判定されている。

　このころ、仕事を通じて仲良くなったアミノ酸研究で著名な大学教授のうち何人かとは、今でも交流が続いているそうだ。大学の先生や国際機関の大物には獣医師の資格を有している者が多く、やはり獣医師である荻原が仕事を進めていくうえでとても有利であったという。このような大物を落とすには、すな

136

わち貴重な情報を聞き出すには、まず秘書を落とすというのが定石だ。ある大物大学教授の秘書は、日本の煎餅「歌舞伎揚げ」が大好きで、面会の際には必ず持参した。後を引く独特の食感とちょうどいい加減の甘辛さに病みつきになったらしい。このベテラン秘書は教授に話をうまく伝えてくれ、重要な情報を得ることができた。まさに「将を射んと欲すれば先ず馬を射よ」である。また、栄養学分野で有名な別の教授に日本食をご馳走したところ、帰りにさらにステーキ・レストランに立ち寄ったという。欧米人は和食は健康的と思い喜んで食べるのだが、満足はせず、締めにステーキという人が多い。そもそも「腹八分目」という発想がなく、満足するまで食べ続ける、と荻原はいう。そういえば、「腹八分目」は英語でなんというのだろうか。辞書を引くと「eat moderately/sufficiently, don't over eat」となっていた。この教授の奥さんは医学部の教授で、胃のクリッピング手術を開発したらしい。胃を小さくして食べられないようにする手術であるが、なんと民間の保険適用になったという。肥満のままでいるより手術をして体重を減らしたほうが、将来の医療費が少なくなるというのが理由である。さすがアメリカ、さもありなんである。

　さて、荻原は持ち前の如才なさでいくつかの難局もみごとに切り抜け、アメリカでの約4年の任期を無事に終了し、42歳で帰国した。ところが、日本に落ち着くまもなく2年数カ月後に、今度はタイへの赴任が決まった。会社の上司は荻原のことがほんとうによくわかっていると快哉を叫びたい。家族を連れてバンコクにある味の素の現地地域本部に赴任したものの、当時、長男は中学受験を控えていた。家族会議の結果、地方にある全寮制の中高一貫校を受験することになった。長男一人を日本に帰国させ、妻と長女と3人でのタイ生活である。東南アジアとインドの味の素現地法人で製品の品質保証や各国の行政担当者に行う科学的説明などを担当した。品質マネジメントシステムに関する業務は中国、香港、台湾、韓国も担当範囲であった。

　バンコクで獣医学関連の学会があり、私は久しぶりに荻原と会うことができた。白髪がだいぶ増えたものの、如才なさはいささかも変わっていない。きっとタイでもうまくやっているのだろう。なんとなくうれしくなった。通勤も個人的な所用の際も会社が用意した運転手つきの車か、BTS（高架鉄道）を利用していると微に入り細に入り説明してくれた。ほんとうに世界中どこにいても活躍できるやつだとあらためて思った。ぜひ案内したいと荻原がいうので、あ

まり気は進まなかったが、本格的タイ式マッサージに連れていってもらった。結果は惨憺たるものである。全身の関節をバキバキにされ、ただただ痛みに耐えるしかない時間であった。でも、帰り道になんとなく体が軽くなったような気がしたのはマッサージの効果なのだろうか。

　タイで 4 年半過ごした後に帰国し、本社海外食品部の勤務となった。食品生産における「労働安全・品質・環境」などの技術的管理、商品開発、製造拠点のとりまとめが担当であった。海外で販売する食品の開発なども行った。さすがに定年までは日本での勤務だろうと考えていたのだが、53 歳で受けた新たな辞令には地球の裏側、ブラジルの現地法人の名があった。

　昨今のブラジルの治安を考えるとあまり行きたくないと私は考えてしまう。以前、単身でアルゼンチンへ向かう途中、リオデジャネイロの空港で乗り換えがあった。深夜に到着し、薄暗い待合室で早朝のブエノスアイレス便を、一人で数時間ポツネンと待っていた。空港のなかとはいえ、あまりいい気持ちはしなかった。トイレに行くときも、荷物を待合室に置いていくわけにいかず往生した覚えがある。空が白み、搭乗客が集まり始め、ようやく安心した。そんなブラジルに単身赴任で勇躍乗り込んでいった荻原に敬意を表したい。ブラジル味の素では、食品の安全性と品質保証部門の責任者として、南米を中心に消費者対応と国レベルの食品の許認可を担当した。お客様相談センターの責任者も兼務していたという。海外、それも南米で、お客様相談センターというと、私はそれこそ「海千山千の客が目白押し」という情景を想像してしまう。いかにも荻原ならではの仕事だと、彼の上司の人物評価力に恐れ入る。輸出入業務に関するトラブル・シューティングも担当していたという。当然であるが、交渉は英語で行う。普通の人間にはとてもできることではない。荻原の英語力が人並み外れて高いかというとそうでもない。やはり交渉事は気力と決断力、そして知らないうちに人を丸め込む「人たらし」力だ。彼のこれらの能力は人後に落ちない。地球の裏側で、老獪な顧客を相手に丁々発止やり合うことは彼にしかできない。ブラジルは昼日中でも街中で銃を使った強盗がある国で、家族を連れた赴任はできれば避けたい、さらに子どもの教育のタイミングも重なり、単身赴任を選んだという。治安が悪い場所で単身暮らす、荻原の精神力の強さにも敬意を表したい。ブラジルの仕事では、ILSI（International Life Sciences Institute）という機関が頼りになったという。ILSI は、1978 年にアメリカで

設立された非営利団体で、健康・栄養・安全・環境に関わる諸問題について科
学的な視点で解決し、正しい理解を醸成する、さらに今後発生の可能性がある
問題についても事前に予測し対応していく産官学の団体である。荻原はこれま
で ILSI の日本支部、北米支部、東南アジア支部のメンバーとして本部総会に
参加し、ほかの地域支部メンバーと交流を重ねてきたが、このようなグローバ
ルな活動がブラジルでの仕事の円滑な遂行につながった。このときほどアカデ
ミア（大学教員や研究者の世界のこと）や多国籍企業のグローバルネットワー
クのすばらしさを実感したことはなかったと述懐する。

　そんなブラジルでの仕事も 3 年で終了した。56 歳で帰国し、今度は広報を
担当した。サイエンスベースの啓発素材の制作、イベントの運営、講演、企業
価値の向上につながるコミュニケーション活動（たとえば、世界科学館サミッ
ト［SCWS］2017 の企画支援）などに従事したらしい。「相談がある……」と
荻原から連絡を受けたのは、彼が 60 歳で味の素を定年退職する直前であった。
都内のタイ料理店で久しぶりに会った祝杯をあげ、話を聞いたところ、博士の
学位をとりたいという。定年後でいくら時間があるとはいえ、この年齢で若い
学生に交じって実験するのはいささかきついぞ、という脅しにも動じず、がん
ばってみるという。そこまでいうのならば、なんとかしようと考えていた矢先、
またしても連絡があり、大手商社に再就職が決まったという。この商社では
これまでの味の素での経験を生かして、輸出加工食品の遵法性、安全性、社会性、
品質保証、顧客への科学的な観点からの説明やコーディネーションを担当する
という。本人は、「民間の立場とはいえ、さまざまな国際会議に参加してきた
味の素での経験が、食に対する考え方の国による違いについての理解につなが
り、そこで築いた食品衛生分野や獣医学分野での人脈が現在の仕事にも役立っ
ています」というのだが、むしろ類稀なる話術と前向きな性格が就職にあたっ
て有利に働いたのではないか。

　さて、荻原がこれまで従事していた仕事は、ひとことでいうと「科学コミュ
ニケーター」である。「科学コミュニケーター」というと、あるいは「サイエ
ンス・コミュニケーター」のほうがよりそれらしく聞こえるが、新聞やテレビ
などのメディアでさまざまな科学的事象について平易に解説する者を連想する。
しかし、企業のさまざまな業務において、科学を知識基盤とし多種多様な人々
と交渉を行う担当者も、また「科学コミュニケーター」と呼んでかまわないと

思う。そのような意味で、荻原はまさしく「科学コミュニケーター」そのものである。これまで安全性・品質保証を含む食品科学分野の「科学コミュニケーター」として、国際的に活躍してきた。おそらく、これからも動ける限り、人とおしゃべりができる限りは、この仕事を続けていくのであろう。

　荻原が担ってきた「科学コミュニケーター」という仕事も、獣医師が担当する職業のひとつとして、今後ますます注目されると思われる。この仕事には、獣医学の知識に加えて、畜産学、食品科学、毒性学、基礎医学、さらには経済学や国際関係学などをも含む幅広い分野の知識や俯瞰的な発想が要求される。それと英語力、さらには国際感覚だ。昨今は、英語で仕事ができないと話にならない。できれば流暢な英語が望ましいが、「伝えたい気持ち」がもっとも重要で、相手に失礼ではない程度の押しの強い英語ができればそれでよい。加えて、基本的に人と話すことが好きでなければならない。荻原の場合はこれらすべての要因が生まれながらに備わっていたが、「好きこそもののじょうずなれ」という格言のごとく、努力によって身につけることも可能だと思う。もうひとつ海外での活躍に不可欠なのは「博士 Philosophy Doctor（PhD）」の学位である。欧米では、科学者ばかりでなく、ビジネスマンでも博士号を持つ者が多く、「ミスター Mr.」ではなく「ドクター Dr.」の称号で呼ばれている。「獣医師」という資格だけでも海外ではドクターと呼ばれるが、加えて博士号も持っていたほうがよい。海外での交渉時には確実に有利である。荻原が定年退職後に博士号をとりたいと思った理由も、自分のこれまでの人生を顧みて、さらなる飛躍を考えてのことだったのかもしれない。

獣医師を目指す中高生、獣医大学学生へ――荻原からのメッセージ

　私が学生だったころに比べて、獣医大学での勉強は質も量もかなり増えていると聞いています。幅が広がり深掘りされた獣医学を実習も含め 6 年間で学ぶのは至難の技だと思います。しかし、国際的な種々の領域で日々業務に励む獣医師にとって、学生時代の幅広い勉学はむだにはなりません。生体レベルあるいは公衆衛生の視点でものごとを考えることができる獣医師に対する社会からの期待は、とくに欧米社会では、かなり大きいと感じます。食品衛生に関する国際評価機関である JECFA（The Joint FAO/WHO Expert Committee on Food Additives）でも多くの獣医師が活躍していますし、食品に関する民間企

イギリス FSA（Food Standards Agency）初代長官
ジョン・クレブス博士・男爵（左）と荻原（右）。オ
ックスフォード大学の研究室にて。

業や業界団体でも獣医師の肩書がある者どうしであれば、出会ったその瞬間からいきなり本題についてディスカッションができます。自分が関係したこのような場での科学的な議論が国際的なガイドラインや各国の法律に反映されていくのを見ていると、こうした政策決定に間接的であれ関われたことに充実感を覚えます。

　もともとは牛、馬、豚など家畜の疾病を治し、予防する専門職であった獣医師が、近年は伴侶動物の臨床、人獣共通感染症などの公衆衛生、さらにはアニマルセラピーなど動物を用いた人の精神ケアの分野も担当するようになっています。また、畜産物生産におけるアニマルウェルフェア（動物福祉）という考え方も広まってきました。獣医師をとりまく環境は日々変化しています。国連が発表したSDGs が瞬く間に世界を席巻し、サステナビリティが重視されるようになりました。私が長年携わってきた「食のサプライチェーン」も 30 年後は大きく変わることでしょう。

　こうした変化の渦中にあって、生体レベル（*in vivo*）、局所レベル（*in site*）、実験室レベル（*in vitro*）およびコンピューター（*in silico*）など、さまざまな視点でものごとを考えられる獣医師の重要性は、人類にとって相変わらず必要不可欠であると思います。興味を持った人はぜひ獣医師を目指してください。

おわりに

　本書に登場いただいた方々には必ず「なぜ獣医師になろうと思ったのですか」とお尋ねしました。まわりにたくさんの動物がいたから、動物が好きだったから、家族に勧められたから、ムツゴロウ（畑正憲）さんに憧れたから、なんとなく、など理由は三者三様、十人十色でした。それでは、私自身はなぜ獣医師になろうと思ったのか。前著『獣医学を学ぶ君たちへ——人と動物の健康を守る』でも紹介しましたが、もともと動物に興味はあったものの、大学教養課程での成績が悪く、当時は人気薄だった獣医学への道を選ばざるをえなかったからです。きわめて不純な動機です。しかし、漠然とですが、動物関係の研究がしたかったというのはほんとうです。ところが、獣医学科に進学し実際に専門科目が開講されると、がぜん興味が出てきました。そのころは分子生物学の成長期で、大学教養課程の生物学の授業では生体内の化学物質の動きばかりが語られていました。そんな生物学には違和感を感じていましたが、獣医学科の授業・実習はあくまで動物個体が中心でした。個体の構成要素である化学物質の動き、個体の集合である生態系の変化などは、すべて個体を理解するための現象と考え、そのうえで正常な個体と異常（病的）な個体の相違、個体に影響するウイルス、細菌、寄生虫などの病原体、異常（病気）の診断と治療などを学びました。このような獣医学の学習内容は医学のそれとほとんど変わりません。医学と異なる獣医学の大きな特徴は、前述した項目についてつねにさまざまな動物種間で比較し理解することなのです。私はよく「病気の進化」という言葉を使います。現存する動物種の病気を比較する際に、「進化」という時間軸を導入した概念です。もしご興味があれば、前述の『獣医学を学ぶ君たちへ——人と動物の健康を守る』をご覧ください。というわけで、本書登場人物の獣医師を目指したきっかけはさまざまでしたが、動物そのもの、動物学、動物の医学（獣医学）への前向きな思いは共通していました。

　さて、この「おわりに」では、渡利真也さんと森野俊哉さんという2名のち

142

ょっと変わった経歴の獣医師を紹介したいと思います。渡利さんは獣医師国家試験に合格して獣医師になった後、しばらくはペットの臨床医として大阪にある動物病院に勤務していました。ところが、数年後に突然渡米し、大学院で獣医学修士の学位を取得しました。獣医臨床学を極めるのかと思いきや、帰国後は外資系の経営コンサルティング会社に就職し、会社経営のノウハウについてさまざまな経験を積みました。その後、アジアを中心とする経営コンサルティング会社のペット部門である株式会社 YCP Lifemate の責任者となり、現在は9つの動物病院を経営する傍ら、自身もそのうちの病院で院長として診療を行っています。さらに、動物病院の経営についてのコンサルテーションも行っています。一方の、森野さんは獣医師資格取得後、スペインでビジネススクールに入学、MBA を取得しました。MBA の取得は、第 14 章で紹介した永田さんも同様ですね。森野さんは、帰国後、大手商社で外資系病院運営のアジア地域運営責任者を経験し、その後、インターネットでさまざまなペットサービスを展開する株式会社 PECO に入社、現在は同社が運営する動物病院に獣医師兼経営スタッフとして勤務しています。個人で動物病院を経営している獣医師はけっこう多いと思いますが、お二人は獣医師になった後、本格的に経営を学び、経営のプロとして動物病院や動物関連会社の運営に関わっています。二人とも、本書でとりあげた方々に比べるとまだまだ若いので、今後どのような方向を目指すのか、私自身大いに興味がありますし、また獣医師としての新たなキャリアを開拓してくれるものと期待もしています。

　それから、本書にたびたび登場し、書名にもなっているワンヘルス（One Health）についても、少々補足したいと思います。最初にこの言葉を聞いたときは、私もなんのことかさっぱりわかりませんでした。当初は「One World, One Health」というふうに使われていたと思います。現在では、One Health は獣医師の使命を表すキーワードとして至るところで目にします。医学関係者、環境関係者への周知はまだまだですが、昨今ではだいぶ人口に膾炙するようになりました。地球の将来を考える際に、きわめて重要な概念です。多くの人に理解していただくとともに、われわれ現役の獣医師もさることながら、君たち将来の獣医師が活躍する折の座右の銘として、今から心に刻んでほしいと思います。

　さて、ほんとうに最後になりましたが、なにはともあれ、登場者の皆さまに

は心より御礼申し上げます。なかに
は失礼な書きぶりもあったかと思い
ます。読みやすくするための潤滑剤
とご理解いただき、ご容赦いただけ
れば幸甚です。また、「自分の獣医
師としての生涯をコンパクトにまと
めてくれた。年老いた父親にぜひ読
ませたい」とのお言葉も頂戴しまし
た。執筆者としてうれしい限りです。
　最後の最後です。東京大学出版会
編集部の光明義文さんには前著に引
き続きたいへんお世話になりました。
数カ月に一度、忘れたころに届く光
明さんからの執筆状況問い合せのメ
ールで我にかえり、執筆を進めるこ

著者近影：秋田犬とおぼしき銅像とともに。この
像はいただきものなのですが由来がわかりません。
少し時間をかけて調べてみたいと思っています。

とを繰り返し、ようやく日の目を見ることができました。ほんとうに心より感
謝いたします。

　2022年盛夏

中山裕之

著者略歴

中山裕之（なかやま・ひろゆき）

1956 年　新潟県に生まれる.
1980 年　東京大学農学部畜産獣医学科卒業.
　　　　東京大学助手，アメリカ国立衛生研究所（NIH）客員研
　　　　究員，東京大学大学院農学生命科学研究科教授・附属動
　　　　物医療センター長などを経て,
現　在　動物医療センター Peco 獣医療研究所長，東京大学名誉
　　　　教授，博士（農学）.
専　門　獣医病理学.
主　著　『犬・猫の細胞診アトラス——たかが細胞診，されど細
　　　　胞診』（監修，2007 年，学窓社），『動物病理学各論　第
　　　　2 版』（共編，2010 年，文永堂出版），『犬・猫・エキゾ
　　　　チック動物の細胞診アトラス——たかが細胞診，されど
　　　　細胞診，ふたたび』（監修，2012 年，学窓社），『東大ハ
　　　　チ公物語——上野博士とハチ、そして人と犬のつなが
　　　　り』（分担執筆，2015 年，東京大学出版会），『動物病理
　　　　カラーアトラス　第 2 版』（共編，2018 年，文永堂出
　　　　版），『獣医学を学ぶ君たちへ——人と動物の健康を守
　　　　る』（2019 年，東京大学出版会）ほか.

獣医師を目指す君たちへ
ワンヘルスを実現するキャリアパス

2022 年 9 月 5 日　初　版

［検印廃止］

著　者　中山裕之

発行所　一般財団法人　東京大学出版会

代表者　吉見俊哉

153-0041　東京都目黒区駒場 4-5-29
電話 03-6407-1069　Fax 03-6407-1991
振替 00160-6-59964

印刷所　株式会社精興社
製本所　誠製本株式会社

ここに表示された価格は本体価格です．ご購入の際には消費税が加算されますのでご了承ください．

こちらも
おすすめ！

東京大学出版会
営業局キャラクター
くまきち